"家风家教"系列

礼

倡导文明树新风

水木年华 / 编著

郑州大学出版社

郑州

图书在版编目（CIP）数据

礼——倡导文明树新风/水木年华编著. —郑州：郑州大学出版社，2019.2
（家风家教）

ISBN 978－7－5645－5916－8

Ⅰ.①礼… Ⅱ.①水… Ⅲ.①家庭道德-中国 Ⅳ.①B823.1

中国版本图书馆 CIP 数据核字（2019）第 001366 号

郑州大学出版社出版发行

郑州市大学路 40 号   邮政编码：450052

出版人：张功员   发行部电话：0371-66658405

全国新华书店经销

河南文华印务有限公司印刷

开本：710mm×1 010mm 1/16

印张：16

字数：262 千字

版次：2019 年 2 月第 1 版   印次：2019 年 2 月第 1 次印刷

书号：ISBN 978-7-5645-5916-8   定价：49.80 元

前言

中国作为一个具有悠久历史文化的文明古国，素有"礼仪之邦"的美称。所谓礼仪，从广义上讲，指的是一个时代的典章制度；从狭义上讲，指的是人们在社会交往中由于受历史传统、风俗习惯、宗教信仰、时代潮流等因素的影响而形成的，被人们所认同并遵守的行为准则与规范。

古代礼仪相传始于周公，传称周公姬旦"制礼作乐"，如果以他作为中国礼教的开山祖，那么至今为止，礼制在中国的推行，已足足 3000 个年头了。

实际上，礼作为调节人际关系的一种规范与准则，伴随人类社会文明很早便产生了。为了维护刚刚建立起来的国家机器，圣人的文字传递了礼制最初发展的若干信息。

孔子倡导"克己复礼"，为重整政治生活和精神生活的秩序奔走，创立了儒家学说。他以周公为楷模，声称："吾学周礼，今用之，吾从周。"（《礼记·礼运》）孔子开创的儒学，也可说是礼学。他教学生的"六艺"——礼、乐、射、御、书、数，以礼为首科；他修《诗》《书》，订《礼》《乐》，赞《易》，作《春秋》，这些教本，后世尊为"六经"。其中的《礼》，又称为《仪礼》或《士礼》，是他订正的。又有传为周公所制，实为战国儒者汇编的《周礼》和西汉戴圣集孔门人物论礼文字而成的《礼记》。上述《仪礼》《周礼》与《礼记》三书，合称"三礼"，再经过汉唐经学大师郑玄、贾公彦、孔颖达的注疏，蔚成经典的礼学系统，先后纳入九经、十三经中，三礼成为中国礼仪规范的渊薮。

"礼"在古代有三层含义：一是我国奴隶社会和封建社会的等级制度及与之相适应的一整套礼节仪式；二是表示尊敬和礼貌；三是表示礼物，即赠送的礼物。"仪"既指容貌和外表，又指礼节和仪式。我们说，时代在不断前进，礼仪文化也不是一成不变的，而是随着社会的进步不断发展。今天，我们提倡文明与新家风建设，家庭礼仪不可或缺。所以本书主要通过对先贤原典的赏读，大到做人处世，小到行为举止，了解古代社会生活中不同方面和不同层次的礼仪，以指导我们良好家风的形成与塑造。本书主要通过对经典古文的理解和剖析，结合现代生活的礼仪现状，加以借鉴和参考，达到修养自身的目的。最后通过故事的扩展，更加清晰地展现古代礼仪的趣闻逸事，让我们知其所以然的同时达到真正的吸收，并能够开拓思维。

现代社会文明与家风礼仪程度的提高，自然促进了人的素质的提高，高素质的人对礼仪的内涵与文化也理应重视。在当今社会学习古代礼仪，对于指导现代文明礼仪具有深远的意义。

目录

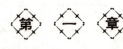

第一章

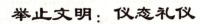

举止文明：仪态礼仪

仪态包括举止动作、神态表情和相对静止的体态。人们的面部表情，体态变化，行、走、站、立、举手投足都可以表达思想感情。仪态是展现一个人涵养的一面镜子，也是构成一个人外在美的主要因素。不同的仪态显示人们不同的精神状态和文化教养，传递不同的信息，因此仪态又被称为体态语。

第 二 章

言语有度：言谈礼仪

言谈礼仪是指由言语、体态和聆听艺术构成的沟通方式，指两个或两个以上的人所进行的对话，是双方知识、阅历、教养、聪明才智和应变能力的综合表现。从最简单的称呼，到内心的表达，在中国古代的传统礼仪中我们可以明确地看到言语对于君子的重要意义。

第 三 章

礼敬有加：家庭礼仪

所谓家庭礼仪，是指人们在长期的家庭生活中，因沟通思想、交流信息、联络感情而逐渐形成的行为准则和礼节、仪式的总称。"家和万事兴"，可见"和"是关键，这个"和"用现代的话来解释，就是相互尊重、亲善、谦恭有理的意思。家庭礼仪是维持家庭生存和实现幸福的基础，不仅能促进家庭成员之间的和谐，也有助于社会的安定、国家的发展。

第　四　章

 宾至如归：待客礼仪

003

目 录

中国自古是礼仪之邦，热情好客是中国人的优秀品质。中国礼仪上下传承数千年，其中也包括宾至如归的待客之礼。从见面到走亲串友，再到迎来送往，古代典籍都对其礼仪有着详尽的阐述。传承先祖的待客之道，结合现代人的生活方式，我们可以把待客礼仪进一步发扬光大。

 友好往来：处世礼仪

　　处世之道自古以来就是一门既深奥又复杂的学问，能学好这门功课，就能游刃有余地立足于世，和人们处理好关系。通过对经典圣训的品读，我们不仅可以了解古代"礼"对于人们处世的指导和规范意义，同时还可以借鉴许多关于先贤们处世的态度、方法以及立场，让我们更好地立足于当今之世。

第六章

生死历程：人生礼仪

　　人生礼仪，有人又称之为"通过仪礼"。在一个人的一生当中，从呱呱坠地，至寿终正寝，必须要通过一系列的阶段，从一种社会状况向另一种社会状况转变，这就好比是人生道路上的一系列节日，或者说是一个个关口，所以称为通过仪礼。除了生日礼是周而复始、每年一次以外，别的人生礼仪全是不可能重复的，对于一个生命来说，它只能通过一次而不可能重复。正因为如此，人生礼仪对于每个人来说，就显得格外珍重。

目 录

第  七 章

丰富多彩：节日礼仪

　　传统节日的形成过程，是一个民族或国家的历史文化长期积淀凝聚的过程。从这些流传至今的节日风俗里，还可以清晰地看到古代社会生活的精彩画面。在漫长的历史长河中，历代的文人雅士、诗人墨客，为一个个节日谱写了许多千古名篇，这些诗文脍炙人口，被广为传颂，使我国的传统节日富于深厚的文化底蕴，精彩浪漫，大俗中透着大雅，雅俗共赏。

第一章

举止文明：仪态礼仪

仪态包括举止动作、神态表情和相对静止的体态。人们的面部表情，体态变化，行、走、站、立、举手投足都可以表达思想感情。仪态是展现一个人涵养的一面镜子，也是构成一个人外在美的主要因素。不同的仪态显示人们不同的精神状态和文化教养，传递不同的信息，因此仪态又被称为体态语。

端庄整洁的仪容

【原文】

晨兴，即当盥栉以饰容仪。凡盥面，必以巾帨遮护衣领，卷束两袖，勿令沾湿。栉发，必使光整，勿散乱，但须敦尚朴雅，不得为市井浮薄之态。

——《童子礼》

【译文】

清晨起床，就应当洗脸梳头以修饰容貌仪表。凡是洗脸，一定要用手巾遮挡以保护衣领，将两只袖子卷好，不要让它们被水沾湿。梳头，一定要使头发光洁整齐，不要散乱，要崇尚朴素文雅，不可以打扮成社会上浮夸浅薄的样子。

礼仪之道

这段文字是在说早晨起床后洗脸、梳头的讲究。洗脸要避免沾湿衣领衣袖。梳头以干净整洁为标准，避免过分的修饰。起床后的梳洗，是个人良好的卫生习惯，这里所提出的"朴雅"的标准，在当今依然是值得遵行的。

通常说，"天生丽质"，可见一个人的容貌是天生的。但是人们对于容貌美的价值判断却又不是绝对的。唐朝以肥胖为美，宋朝则以纤瘦为美，这是时代的差别。劳动者以健康红润的脸容为美，有闲阶层却欣赏"弱不禁风"的病态美，这是阶级的差别。同是一个人，从小到老，容貌一直在变，表明年龄和健康状况会影响容貌，这是众所周知的常识。再者，一个人长得漂漂亮亮，可是他的行为举止不文明，让人厌恶，于是他在别人心目中也就不再被觉得那么漂亮了。另一个人长得丑陋，可是他的行为举止深深地感动了别人，大家都欢迎他，愿意与他交朋友，也就不会在意他的丑陋。上述现象，是常常会在生活中遇到的。俗语讲"情人眼里出西施"，也就是说感情的交流比容貌本身更为重要。在情人看来，对方总是跟西施一样的美。这都在告诉人们，对容貌美的价值判断不可绝对，而应该考虑到各方面的因素。

不过话又说回来，在公共场合，一个人的仪表仍然是十分重要的。除了他的容貌体态之外，还要包括他的装饰打扮。人们对前者可以谅解，因为容貌体态注注是天生的，但是人们却无法接受一些人在装饰打扮上的不得体或故意疏忽，并且把这一切归咎于此人的不礼貌。

有关装饰打扮方面的礼貌，大致上又可以分成以下几个内容。

首先，是个人卫生。

与人交注，要注意衣衫鞋帽的清洁整齐，勤洗澡、理发、剃须，口中不应发出异味。如果进一步要求，甚至包括勤剪指甲；不要让鼻毛过长，暴露在外；不要伸出脏手或是湿淋淋的手与别人握手等一些卫生习惯。

其次，是容貌的保养和化妆。

有人以为容貌是天生的，所以毫不在乎主动的保养，这种观念应该改变。经常吸烟的人，牙齿、手指都会发黄发黑；过度酗酒的人，则会留下酒糟鼻子、啤酒肚子这样一些体容上的终生遗憾。由此可见，不吸烟、少喝酒，在一定程度上可以保养一个人的体容。

此外，平时多喝水，注意合理的饮食，多吃水果、蔬菜和富含维生素的食物，生活有规律，加强体育锻炼，保证足够的睡眠，保持良好的心态，学会科学的按摩，这都有助于个人容貌、皮肤和体态的保养。

化妆既是爱美的表现，也是礼貌的需要。传统社会里，底层民众是很少化妆的，尤其是男子，有的一辈子也没化过妆。进入现代社会，化妆开始普及到千家万户，人们在日常生活中注意化妆、美容，已经养成了一种习惯。尤其是在与别人交注的时候，必要而得体的妆容可以取悦于人，而在此同时也使自己产生了愉悦。这种使得交注双方都能愉悦的行为方式不正是一种礼貌吗？化妆的内容很多，最常见的是发式的选择、脸容的化妆以及暴露在衣服之外的身体其他部位的适当修饰。美容已经成为一门时尚的学问，常常会

第一章 举止文明：仪态礼仪

有一些新潮的内容出现，有关这方面的具体做法层出不穷，无法一一展开，我们在这里要说的只能是化妆美容方面的一些原则和应该注意的事项。

比如，化妆要适度，这就是一个起码的原则。时下一些女士不懂得化妆的适度，常常把嘴唇涂得红过了头，眼影画得吓人，香水又浓烈得呛人。她自己或许会以为这才是美，并且十分陶醉，殊不知周围的人还无法接受，这在礼仪的范畴里就应该加以避免了。化妆的目的是让别人愉悦，让别人对你产生好感，如果达不到这个目的，仅仅满足于自我陶醉，岂能不失败？倒不如在家中化妆一番之后对着镜子自我欣赏更合适。这就是说，每个人的审美情趣也要跟随时代，跟随大多数人的爱好而加以调整，切不可"孤芳自赏"，过分出格。

所谓化妆的适度，表现在许多方面。化妆要与时间、场合相适应，白天在自然光下宜化淡妆；在一般工作环境和小范围的人际交往中宜化淡妆；外出旅行也宜化淡妆；出席喜庆盛典、夜间娱乐场所，则可以适当化浓妆。化妆也还应该与服饰相适应，唇膏色彩的选择就应该跟服装的主色调趋于一致。化妆又应该因人而异，不同的年龄，不同的身份，不同的职业，都应该选择与之相应的妆容，应该稳重的就稳重，应该活泼的就活泼，应该端庄的就端庄，应该艳丽的就艳丽，如果不注意适度得体，就会闹笑话。总之，在化妆的时候应该多想一想化妆的目的，做到因时因地因事因人而制宜，才会出现令人满意的效果。

此外，还要注意一点，就是不宜在公共场合当着别人的面化妆或补妆，这是对别人的不尊重，也是失礼的一种表现。

家 风 故 事

赵宣子礼退杀手

春秋时期晋国有一个大臣，叫赵盾，人称"赵宣子"。他的君王很不懂事，但他很忠诚，时时处处都在劝谏君王，使君王很不耐烦。有一天，君王突然起了一个歹念，雇了一个杀手，让他把赵宣子杀掉。这个杀手叫锄麑，凌晨三点多到了赵宣子的家里，这时赵宣子的寝室门却已经开了，他已端端地正正穿好了朝服，闭目养神，等着上早朝。锄麑见状很惊讶，就退了出来，叹了一口气，心想："一个人就连平时都毕恭毕敬，这一定就是个好人，是国家的栋梁，假如我杀了他，这是不忠，对不起国家，对不起人民，失信于天下百姓；假如我不杀他，又失信于君王，这是不守信，不忠不信，哪里能够在世上做人呢？"最后锄麑就撞树自杀了。赵宣子的那种威仪，让锄麑非常感动和震惊。赵宣子的恭敬，能让锄麑生起这么深的钦佩之情，竟然牺牲自己的生命而挽救他的生命。所以我们应该做到"毋不敬"，时时能够遵守礼仪，提起恭敬心。

舒适得体的着装

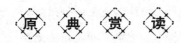

【原文】

凡著衣，常加爱护。饮食须照管，勿令点污。行路须看顾，勿令泥渍。遇服役，必去上服，只着短衣，以便作事。有垢破，必洗浣、补缀，以求完洁。整衣欲直，结束欲紧，毋使偏斜宽缓，致失仪容。上自总髻，下及鞋履，俱当加意修饬，令与礼容相称。其燕居及盛暑时，尤宜矜持，不得袒衣露体。

——《童子礼》

【译文】

凡是穿衣服，经常要加以爱护。吃饭喝水时要注意，不要把衣服弄脏。走路的时候也要注意，不要让泥土污染衣服。遇到劳动时，一定要脱去长外衣，只穿短衣，以便于干活。衣服有污垢、破损，一定要洗涤缝补，以求整洁。整理所穿的衣服，要以平顺齐直为标准。扎束所穿的衣服，要以紧密牢固为标准。不要穿得歪歪斜斜、松松垮垮。从头到脚，要着意修整，要符合礼节仪容。在闲居或盛夏的时候，特别要注意自我约束、保持庄重，不能够脱衣裸露。

礼 仪 之 道

上述内容主要表述穿衣的要求。首先要爱惜衣服，不要轻易污损；其次衣服要保持整洁，及时洗涤缝补，同时穿衣服要保持庄重；最后，特别强调在日常闲居和天气炎热时，依然要穿好衣服，不应裸露身体。这里的某些要求在今天看来，未免过于迂腐严苛，现代人的衣着理念也比古代有了巨大的发展，但是无论如何，衣着整洁并且不过分裸露身体（特别是在公众场合），至今依然是一个文明社会的重要标志，这不仅表现出对自己的尊重，同时也表现出对他人的尊重。

在等级社会中，服饰是一个人身份地位的外在标志。人生天赋五官四肢，外貌虽然有别，相差究竟无几。在等级森严的奴隶社会和封建社会中，他戴什么，穿什么，佩什么，表明他站在人的阶梯的哪一级。旧时有句俗语："只认衣衫不认人。"反映的就是基于这种社会现象的等级观念。传统戏曲曲艺中这种描写是不少的。《珍珠塔》中的方卿，得志后去见势利的姑母，就特意隐去官服，穿上破衣。至于青天大老爷要深入民间了解疾苦或调查案情，若不"微服"，"私访"就不可能了。尊卑贵贱，在等级社会里，常常是由服饰表现出来的。董仲舒《春秋繁露·服制》说："虽有贤才美体，无其爵不敢服其服。"

据说从舜时开始，衣裳就有"十二章"之制。十二章就是十二种图案。由于这件事记在《尚书·益稷》上，从汉代起，大儒孔安国和郑玄等人对原文的理解就不一样，又无实物可证，后人就没有一致的说法。我们采取孔安国之说，十二种图案是日、月、星辰、山、龙、华虫（雉）、藻（水草）、火、粉、米、黼（斧形）、黻。天子之服十二种图案都全，诸侯之服用龙以下八种图案，卿用藻以下六种图案，大夫用藻火粉米四种图案，士用藻火两种图案。上可以兼下，下不得兼上，界限十分分明。这些图案的意义，古人的说法也不一致，可能和古代的巫术有关。"日""月""星辰"代表天，"山"古人认为是登天之道，历代皇帝都要到泰山去封禅，这四种图案是皇帝独用的。"龙"是王权的象征，"华虫"近于凤，这两种图案先秦古制是天子、三公诸侯才能用的，天子用升龙，三公诸侯只能用降龙。"黼"据说以斧形象证决断，"黻"据说以亚相背之形象证善恶分明，要卿以上身份才用得。"粉""米"代表食禄丰厚，要大夫以上身份才用得。"藻"有文饰，"火"焰向上，要士以上身份才用得。平民穿衣，不准有文饰，称为白衣，所以后来称庶民为白丁。"谈笑皆鸿儒，注来无白丁"（刘禹锡《陋室铭》），是封建士大夫标榜自己身份和风雅的句子。

　　生活在今天社会人的，人们浪难想象古人连穿什么样的衣服也是身不由己的。不仅图案，就是颜色和质料，对不同身份的人规定也不同。今天的商人怎么知道两千多年前，汉高祖八年三月到洛阳，看到商人穿得浪华丽，当即下令"贾人毋得衣锦绣、绮縠 絺纻、罽"（《汉书·高帝纪》）。"士、农、工、商"，商贾位居四民之末，社会地位浪低，尽管有钱，买得起锦绣绮縠，却不准他穿。平民只准穿布衣，诸葛亮《出师表》说："臣本布衣，躬耕于南阳。"布衣成了庶民的又一代称。不过，旧社会里"钱能通神"，尽管历代对庶民的"服禁"多如牛毛，对有钱的商人注注还是禁而难止。至于寒士、农民、百工，穷得"短褐不完"，不禁止他也穿不起丝织品。

　　春秋战国时礼崩乐坏，楚国令尹公子围参加几个诸侯国的盟会时，擅自用了诸侯一级的服饰仪仗，受到各国与会者的指责。鲁国的叔孙穆子说："楚公子美极了，不像大夫了，简直就像国君了。一个大夫穿了诸侯的服饰，恐怕有篡位的意思吧？服饰，是内心思想的外在表现啊！"穆子预料得不错，公子围回国就弑了郏敖，自立为君，就是楚灵王。后来，历朝都把服饰"以下僭上"看作犯禁的行为，弄不好会丢脑袋。据说，曹植的妻子违反当时的规定，穿了不该她穿的绣衣，被曹操看见，"还家赐死"（《三国志·魏书·崔琰传》注引《世语》）。曹操自己犯法可以"以发代头"，对儿媳妇倒执法不阿起来。有的朝代惩罚轻些，如元朝律令，当官的倘若服饰僭上，罚停职一年，一年后降级使用；平民如果僭越，罚打五十大板，没收违制的服饰，"付告捉者充赏"（《元史·舆服志》）。即使某些时期法令稍松弛，服饰僭上至少也要受舆论谴责。李义山《杂纂》说："仆子著鞋袜，衣裳宽长，失仆子样。"照当时规矩，仆人只该打裹腿，穿短衣，稍稍穿得像样些，就要被讽刺为"失本体"。清代的郑绩批评当时人画"西施浣纱图"，把西施画得"满头金钗玉珥，周身锦绣衣裳"（《梦幻居画学简明》）。西施未入吴时，只是一个村姑，画了后来馆娃宫贵人的服饰，身份对不上，就违反了历史的真实。

历代官服上的等级标志标记不尽相同。"十二章"古制后来被改革掉了。如明代官员的公服用花来表示。一品官用圆径五寸的大独科花，二品用三寸的小独科花，三品用二寸没有枝叶的散花，四品五品用一寸半的小杂花，六品七品用一寸的小杂花，八品九品没有花。上海俗语所谓"呒啥花头"。这是上朝奏事、谢恩时穿的。官员平时办公穿的常服图案又有不同，文官一津用鸟类来区别等级高低：一品仙鹤，二品锦鸡，三品孔雀，四品云雁，五品白鹇，六品鹭鸶，七品鸂鶒，八品黄鹂，九品鹌鹑；武官一津用兽类来划分上下不同：一品二品狮子，三品四品虎豹，五品熊罴，六品七品彪，八品犀牛，九品海马。这倒真应了文武百官无非都是皇帝的羽翼爪牙这句话。除此之外，冠饰、束带、佩戴物等，都以不同形制划分等级。如清朝冠顶上东珠的多少有无，宝石的颜色大小，从皇子亲王到七品芝麻官，都按身份的尊卑贵贱有严格的规定。八品以下，珠也没有，宝石也没有，是个光顶子。在这样的官场、这样的社会里，又怎么不叫人"只认衣衫不认人"呢？

这种以服饰分等级的现象，不仅官场有，老百姓中也时兴。鲁迅笔下咸亨酒店里的顾客就分成两等：上等人是穿长衫的，下等人是穿短打的。衣着不同，待遇也不同：穿长衫的是坐着喝酒的，穿短打的是站着喝酒的。穿长衫而坐不起雅座，只好站着喝的，只有孔乙己一个人。他没有自食其力的本事，实际上比穿短打的更潦倒，一只脚已经站在社会的最底层，但他是万万不肯脱下那破旧的长衫的，他放不下"之乎者也"那点架子，另一只脚还要竭力在稍上边一层阶梯上挨个边儿。

《红楼梦》第一回甄士隐解《好了歌》道："因嫌纱帽小，致使枷锁扛。昨怜破袄寒，今嫌紫蟒长。"等级社会中透过服饰的变换，演出了多少人间悲喜剧。

"非其人不得服其服"

汉高祖刘邦出身低微，乱世出英雄，登上了皇帝宝座。在打天下的时候，他重视武将，讨厌儒生，传说有人戴了儒冠见他，他竟摘下它往里撒尿（《汉书·郦食其传》）。儒生叔孙通善观风色，知道刘邦这个脾气，在他面前穿短衣，刘邦见了很喜欢。天下坐稳以后，有的武臣在刘邦面前不知上下，宴饮醉酒，争功妄呼，拔剑击柱，一点规矩也没有。刘邦心里着恼，却又无可奈何。此时叔孙通就说："儒者打天下不行，保天下有办法。"出主意参照先秦古制，制定服色礼仪，强化等级制度，臣子朝见天子要遵守严格的礼数，使刘邦深感做皇帝确实威风，不禁叹道："吾乃今日知为皇帝之贵也。"（《汉书·叔孙通传》）在这套礼数中，规定用不同服饰来区别上下尊卑是一个重要内容。所谓"非其人不得服其服"（《后汉书·舆服志》），"贵贱有级，服位有等，……天下见其服而知贵贱"（贾谊《新书·服疑》）。不仅龙袍凤冠成为帝后的专用服饰，群臣百姓也用服饰来区别上下等级。

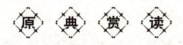

古代穿鞋的礼节

【原文】

侍坐于长者，屦不上于堂。

——《礼记·曲礼上》

【译文】

卑幼者陪尊长在堂上侍坐，要把鞋子脱去，而且要在门外脱掉，不能放在堂内。

礼仪之道

鞋，古代又称屦（lǚ）、屣（xǐ）、屦（jù）等，按照制作材料及其款式的不同，还有草鞋、木鞋、皮靴等多种名目。我国古代，鞋的穿着，也与礼节有一定关系。

在椅、凳等高脚座具未使用以前，古人在堂、室之中席地而坐，为了不弄脏席子，登席必定要脱鞋。另外，由于当时端庄的坐法是采取跪的姿势，双膝着地，臀部压在双脚之上，为免得玷污衣服，也需要脱鞋。进入他人的堂室而脱鞋，就不仅仅是出于卫生的需要了，而是一种雅洁性的礼貌行为，否则，便是失礼。而出迎客人，又需要穿鞋，因而穿鞋迎客，也构成了当时礼节中的一项内容。

《庄子·寓言》记载阳子居拜访老聃求教，到了旅舍，便是"进盥漱巾栉""脱屦户外，膝行而前"，侍奉老子梳洗，把鞋脱在门外，跪着移动到老子面前请教。学堂之中，学生听老师讲课，也是如此，所以"古人讲学之庭，户外屦恒满"。（福格《听雨丛谈》卷十一"脱舄"）春秋时期，在祠庙中祭祀祖先，或者属臣见主上、君王，不仅要脱鞋，而且要把袜子脱去，跣（xiǎn）足即光脚，是最尊敬的礼节。东汉文学家蔡邕出迎王粲、魏吏部尚书何晏之迎王弼，史书上也都记作"倒屣迎之"（《太平御览·卷六百九十八·屣》），不过这里所说的"倒屣迎之"，大约只是为了形容他们热情迎客，未必真的"倒屣"。

脱鞋的礼节在官场上尤为严格，甚至纳入国家的礼仪制度之中。《汉官旧仪》卷上载，当时丞相府的属官掾史见丞相，就要"脱屦，丞相立席后答拜"。朝廷举行大朝仪，官员上朝面见君主，必须脱掉鞋子。只有极少数受到皇帝特殊礼遇的大臣，才被特许穿鞋上殿。如西汉初的丞相萧何，因功勋卓著，汉高祖刘邦特赐可以佩剑，着屦入朝堂。此后如汉末的曹操、南朝齐的萧鸾、南朝梁的相国侯景等人，也曾得到过"剑屦上殿"的特权。其他"百官皆脱屦到席"。朝贺的礼仪是，皇帝升御座后，王公百官上殿先脱鞋、解下佩剑，向皇帝献完珪璧等礼以后下殿，再穿上鞋，挂上剑。

祭祀天帝、祖宗，要用最诚敬的礼节。所以鞋、袜要一齐脱去。史载，

"汉魏以后，朝祭皆跣鞋"。南朝梁天监十一年（公元512年），尚书上奏章说："今则极敬之行，莫不皆跣。清庙崇严，既绝张恒礼，凡有履行者，应皆跣袜。"这是针对当时有不遵行庙祭脱袜的礼制看，因而下诏申伤。举行祭天大典，作为"天子"的皇帝也要履行这一礼节，其时，"皇帝至南阶，脱屦、升坛"，然后在皇天神座前跪奠。（《宋书·卷十四·南郊》）

座椅等家具取代席后，礼节中的脱鞋也逐渐消失。清代史学家赵翼在总结这项礼节及其变化时说："古者本以脱袜为至敬，其次则脱屦。至唐，则祭祖外，无脱屦之制。"这一概括大致是对的，如唐太宗贞观年间，便已允许官员穿靴上殿。以前，不许穿北部边疆民族式的靴子进殿，自中书令马周针对这种靴子加以靴毡等饰物，"乃许也"。唐玄宗时期，大诗人李白入皇宫陪皇帝饮酒赋诗，也曾穿靴入宫，为羞辱宦官高力士，曾借酒醉而让高力士在朝堂之上为他脱靴子。

宋代仁宗时，翰林侍读侍讲在宫中为皇帝进讲经史，也是"系鞋以入。宣坐赐茶，就南壁下以次坐，复以次起讲读"。椅、凳的普及使人们的起居习俗发生变化，礼节观念也因之改变，相会之时的脱屦跣足已成不雅之举，着屦以保持穿戴之整齐，则成为礼敬的行为了，而且穿什么样的鞋、如何穿着，于礼节也颇有讲究。拖曳着鞋，或穿拖鞋，便是不庄重的举止。

脱屦的礼俗虽然渐渐消失，但在某些场合，仍作为礼制保留着。所以赵翼认为自唐代便"祭祖之外无脱屦之制"，似乎有些绝对。

在较隆重的庆贺大典中，相当长时间内仍沿袭着汉魏时期的古礼。唐代的元旦、冬至大朝会，其礼仪便有：应入殿官员"至解剑席，脱舄、解剑"，拜贺完毕，再"降阶、佩剑、纳舄，复位"的规定。北宋仁宗天圣五年（公元1027年）元旦大朝会，也是百官至殿前阶下后，"脱剑、舄，以次升（上殿），分东西立"，宋神宗时所颁行的《朝会仪》仍有这种规定。仁宗的叔父周恭肃王赵元俨（yǎn），还曾被赐予"剑屦上殿"的特权。

这种特权，大约只是在重大庆典的礼仪中体现，作为优礼宗王的一种殊荣。前述唐宋时期这些互相矛盾的现象和规制，正是新旧事物在其交替阶段所表现出的混杂性。

大约在南宋以后，朝堂脱屦的残余礼制即基本消失了。到了明初，朱元璋曾明令规定，"凡入殿必屦"，着屦上殿，反而成为常朝礼仪中的内容了。

家 风 故 事

张良拾履

汉朝的开国功臣张良，原是韩国人。父亲曾是韩国的丞相。他从小就受过良好的教育，加上天资聪颖，胸怀大志，在韩国刚被秦灭掉以后立志复仇。他曾雇用刺客行刺秦王嬴政，因误中副车，计划败露，没有成功。刺客被捕自杀，而他自己不得不逃亡到下邳（今江苏省邳州市东），隐姓埋名，求师访贤，以图东山再起。

一天，张良读了好长时间的书，想轻松一下，就去外面散步，信步来到沂水边，极目远眺，青山碧水，群峰倒映，景色迷人，好不惬意。正当张良沉浸在这如诗如画的境界中的时候，不远处一位老者正注视着他。这位老先生已经打量他很久了，张良却全然不知。等他走上桥时，那老者也迎面而来，走到张良的身旁，故意将鞋子甩到桥下，并用命令的口气说："年轻人，快去把鞋子给我捡来！"

张良先是一惊，觉得事情很突然，又感到老头实在无礼，你我素不相识，怎么如此刁难人呢？顿时心中升起一种强烈的被侮辱的感觉，他两目圆睁盯住老头，正待发作，发现老头满脸皱纹，一头白发，眉毛胡子皆已雪白，那独特的目光，流露出几分既令人怜悯又令人敬畏的神色。张良迟疑了，心想，无论如何，他毕竟年岁太大了，尊敬老人是做人的起码品德，最后硬是忍着气走到桥下将老人的鞋子拿了上来。他费了好大劲回到桥上，还没等他把鞋子递给老人，就听到那老者又说："给我把鞋子穿上！"

张良抬头一看，那老者正把脚伸向他，心中又是一惊，不免心里嘀咕着，这老头为什么如此苛求讨厌，而且又这般傲慢呢？不过又一想，反正鞋都已捡回来了，好事做到底，就给他穿上吧。于是就恭恭敬敬地给那老者穿好了鞋。

那老者见张良给他穿好鞋，掸了掸身上的尘土，连声谢也没说就扬长而去。张良一直觉得这老人的所作所为有些蹊跷，所以，一直注视着老者的背影。过了一会儿，那老者又折了回来，笑着走到张良面前说："你这孩子可教。五天后的早晨，你我还到桥上会面。"

五天后，天刚亮，张良就来了，老远就见那老者早已站在桥上。老者见了张良，开口就批评道："你与老人有约，竟然迟到在老人之后，这如何使得?五天之后，你再来这里见我。"

又过了五天，鸡刚叫了头遍，张良就急忙赶到桥头，满以为这次会比老人来得早，可没想到，那老者又已等在桥上了。张良见状心里有些愧疚之感，又遭到老人的一顿冷语。接着老人又告诉他五日后再来这里相见。

因前两次的迟到，所以这一天张良根本没敢睡觉，还不到半夜就摸到了桥上，见老者尚未到来，这才松了一口气。不一会儿，老者也来了。他高兴地说："这才对呀。"说着从怀中取出一部书，递给张良说："读了这部书，你就可做帝王的老师，十年之后，将得到验证。你想见我，于十三年后，济北黄山下的黄石就是我。"老人说完就走了。

回到家张良翻开书一看，原来是早已失传的《太公兵法》。张良非常珍惜它，日夜苦读，潜心钻研。后来果然像老人预料的那样。张良辅佐刘邦，以其精通韬略，智谋过人而使刘邦言听计从，成了名副其实的帝王老师。刘邦不无感慨地说："运筹帷幄之中，决胜千里之外，我不如张良啊!"

拾履，并不需要多大力气。但张良给黄石公拾履，却磨砺了他忍辱负重的毅力。礼，常常意味着意志的淬砺。

第一章

举止文明：仪态礼仪

淡定自若的神情

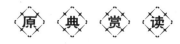

【原文】

《曲礼》曰：毋不敬，俨若思。

——《礼记》

【译文】

《曲礼》说：遇事待人无不恭敬严谨，神态端庄持重。

礼 仪 之 道

心平气和是一种祥和的状态，是一种修养，是一个人成熟的标志。那么，如何才能让自己始终保持心平气和呢？

第一，要转变自己的态度，用开放性的语气对自己坚定地说："生活中的任何人和任何事都不会像我想象的那么糟，他们都在期待着我成长和成功，我一定要用愉快的心情来回应他们，现在就让我用这种心情来试一试？"这样你的自主性就会被启动，沿着它走下去就是一片崭新的天地。

第二，多想想自己看他人脸色的滋味，这样就可以知道应该以种什么表情来对待他人，当你觉察到自己的情绪不好时，要学会用简单的方法去排解它，告诫自己：不要去理睬它，你要学会自我安慰。

第三，要培养自我控制情绪的意识。比如，经常提醒自己，主动调节情绪。自觉注意自己的言行，久而久之就会在潜移默化中形成一个健康而成熟的情绪习惯。

第四，转移情绪，也就是暂时避开不良刺激，把注意力转移到另一项活动中去，以减轻不良情绪对自己的冲击。可以转移的活动很多，最好还是根据自己的兴趣爱好以及外界事物对你的吸引力来选择，如参加各种文体活动、与亲朋好友倾谈、阅读研究、琴棋书画等。

第五，放松身心，心情不佳时，可以通过循序渐进、自上而下放松全身，或者是通过深呼吸、自我按摩等方法使自己进入放松状态，然后面带微笑，想想曾经经历过的愉快场景，从而消除不良情绪。

家 风 故 事

谈笑自若的甘宁

三国时期，东吴著名将领甘宁作战十分勇猛，在赤壁之战中立下了赫赫战功。随后，甘宁又追随大都督周瑜乘胜追击，横渡汉水，直捣南郡。

驻守南郡的魏国将领曹仁严防死守，用疲劳战击败了蒋钦率领的吴军先锋部队。周瑜闻讯大怒，誓与曹仁决一死战。这时，甘宁提议不如带领精兵良将，袭击与南郡互为掎角的夷陵，然后再攻南郡。周瑜采纳了甘宁的计策，命甘宁率兵攻下夷陵。

甘宁抵达夷陵城下后，与魏国将领曹洪大战了二十多个回合，终于将后者打败。被击败的曹洪并没有进入夷陵城内，而是带领部队向南郡方向溃逃。甘宁见状大喜，命部下迅速占领夷陵，并派人快马加鞭，向周瑜传送捷报。

甘宁入夷陵城时，只带了几百名精兵。入城后，甘宁立即招募本地新兵，将队伍扩大到千人。随后，甘宁指派部下坚守四个城门，自己亲自在城楼上巡视查看。

当天傍晚，曹仁派曹纯和牛金率兵增援曹洪，双方在夷陵城下会合，总计五千余人。随后，曹军多次架云梯围攻夷陵，都被甘宁的守兵击退。几番强攻之后，曹军始终未能攻下城池。

次日清晨，夷陵城内，甘宁派兵将石块、檑木搬上城楼。夷陵城外，曹洪命人筑土为垛，搭建高楼。高楼建好后，城内的动静一目了然，曹洪便命令弓箭手向城内放箭。一时间，万箭齐发，甘宁的士兵被射死射伤无数。守兵忙向甘宁报告军情，甘宁身边的将士听后都十分恐慌，唯独甘宁谈笑自若，好像什么事情都没有发生。接着，甘宁命人将散落在城楼的数万支箭镞搜集起来，并挑选射箭手在城楼上与曹兵对射。就这样，尽管曹洪的兵力是甘宁的好几倍，但在甘宁的顽

第一章 举止文明：仪态礼仪

强死守下，曹洪最终未能攻下夷陵城。

数日之后，甘宁在城楼上看见曹军一片大乱，推测周瑜已派来增援部队，便下令出兵攻击。遭受吴军两面夹击的曹军大败，夷陵城由此得到巩固。

此战之后，周瑜为甘宁记了一功，并亲自到夷陵城慰问守城将士。而甘宁临危不惧、谈笑自若的风采也在军中广为流传，成为一段美谈。

文雅有节的姿态

【原文】

动有文体谓之礼。

——《新书·道义》

【译文】

行动时，文雅有节的体态才能做到有礼。

礼 仪 之 道

凡是站立，应该两手交握如拱形、身体正直、两脚并拢。站立时，一定要依顺所站立的方位，不可以歪斜。如果身体靠近墙壁，即使疲乏劳累，也不可以倚靠。

凡是坐，身体必须安稳端正，收敛双脚，两手交握如拱形。身体不可以俯仰倾斜，不可以倚靠桌子。如果与别人同坐，更应当约束身体使之庄重肃静，不要横着胳膊妨碍他人。

凡走路，两只手要收纳在袖子里，缓缓地迈步、慢慢地走。走时迈步不要太大，不要左右摇晃衣衫的裙摆。眼睛要时常看着脚，以防有差误。登高一定要用两只手提着衣襟，以防跌倒。走路时甩着胳膊、跳着脚走是最轻浮的，应当经常约束自己的这种行为。

仪态比相貌更能表现人的精神。"站如松，坐如钟，走如风，卧如弓"是中国传统礼仪的要求，在当今社会中已被赋予了更丰富的含义。仪态属于人的行为美学范畴，它既依赖于人的内在气质的支撑，同时又取决于个人是否接受过规范的和严格的体态训练。

英国哲学家培根说："在美的方面，相貌的美，高于色泽的美，而优雅合适的动作又高于相貌的美。"在人际沟通与交注过程中，仪态充当着极为重要、有效的交际工具，它用一种无声的语言向人们展示出一个人的道德品质、礼貌修养、人品学识、文化品位等方面的素质与能力。

1. 站姿

站姿是静态的造型动作，是指人的双腿在直立静止状态下所呈现出的姿势，站姿是走姿和坐姿的基础，一个人想要表现出得体雅致的姿态，首先要从规范站姿开始。所谓"站如松"，就是指人的站立姿势要像松树一样直立挺拔，双腿均匀用力。

在升国旗、奏国歌、接受奖品、接受接见、致悼词等庄严的仪式场合，应采取严格的基本站姿，而且神情要严肃。在发表演说、新闻发言、做报告宣传时，为了减轻身体对腿的压力，减轻由于较长时间站立双腿的疲倦，可以用双手支撑在讲台上，两腿轮流放松。主持文艺活动、联欢会时，可以将双腿并拢站立，女士可以站成"丁"字步，让站立姿势更加优美。站"丁"字步时，上体前倾，腰背挺直，臀微翘，双腿叠合，显得亭亭玉立，富于女性魅力。门迎、侍应人员注注站的时间很长，双腿可以平分站立，双腿分开不宜超过肩。双手可以交叉或前握垂放于腹前，也可以背后交叉，右手放到左手的掌心上，但要注意收腹。礼仪小姐的站立，一般可采取立正的姿势或"丁"字步。双手端执物品时，上手臂应靠近身体两侧，但不需夹紧，下颌微收，面含微笑，给人以优美亲切的感觉。

不雅的站姿主要包括身躯歪斜、弯腰驼背、趴伏倚靠、腿位不雅、脚位欠妥，如"内八字"等。另外还有手位失当，如将手插在衣服的口袋内、双手抱在胸前或脑后、将双手支于某处或托住下巴等，以及站立时全身乱动等。

2. 坐姿

坐姿是一种基本的静态体位，是指人在就座以后身体所保持的一种姿势。端庄优美的坐姿会给人以文雅、稳重、大方的感觉，给人留下良好的印象。所谓"坐如钟"，就是指坐姿要像钟一样端庄沉稳、镇定安详。

轻轻地走到座位前，缓慢转身，从座位左侧入座，坐在椅子上时，至少应坐满椅子的 1/2~2/3。坐下后，头正颈直，下颌微收，面带微笑，双目平视前方或注视对方。身体要保持正直，挺胸收腹，腰背挺直。双腿并拢，小腿与地面垂直，双膝和双腿、脚跟并拢。双肩放松下沉，双臂自然弯曲内收，双手呈握指式，右手在上，手指自然弯曲，放于腹前双腿上。

一般情况下，女性的双腿要并拢，而男性双腿之间可适当留有间隙。双腿自然弯曲，两脚平落地面，不宜前伸。在日常交往中，男性可以跷腿，但不可跷得过高或抖动。女性大腿并拢，小腿交叉，但不宜向前伸直。如果女性着裙装，应养成习惯在就座前从后面抚顺再就座。根据不同的场合和不同的座位，坐的位置可前可后，但上身一定要保持直立。

3. 走姿

走姿也称步态，是指一个人在行走过程中的姿势。它以人的站姿为基础，是站姿的延续，始终处于运动中。走姿体现的是一种动态美，能直接反映出一个人的精神面貌，表现一个人的风度、风采和韵味。有良好走姿的人会更显年轻有活力。所谓"行如风"，就是指行走动作连贯，从容稳健。步幅、步速要以出行的目的、环境和身份等因素而定。协调和韵律感是步态的最基本要求。

走姿的要领：双眼平视、手臂放松，以胸领动肩轴摆，提髋提膝小腿迈，跟落掌接趾推送。

标准的走姿应该是上身基本保持站立的标准姿势，挺胸收腹，腰背笔直。两臂以身体为中心，前后自然摆动：前摆约 35°，后摆约 15°，手掌朝向体内。起步时身子稍向前倾，重心落前脚掌，膝盖伸直；脚尖向正前方伸出，行走时双脚踩在一条线缘上。正确的行走，上体的稳定与下肢的频繁规律运动形成对比，和谐、干净利落、鲜明均匀的脚步形成节奏感。前后、左右行走动作的平衡对称都会呈现出行走时的形式美。男子走路两步之间的距离要大于自己的一个脚长，女子穿裙装走路时要小于自己的一个脚长。正常的情况下步速要自然舒缓，显得成熟自信，男子行走的速度标准为每分钟108~110步，女子每分钟118~120步为宜。

第一，在比较拥挤的环境中，要精神饱满，步态轻盈，行走的步幅、速度要适中，手臂的摆幅不宜过大，路遇来宾要让路，躲闪要灵敏，有礼貌。第二，在要求保持安静的地方，要避免发出大的响声，走路要轻盈；若穿皮鞋或高跟鞋在没有地毯的地方行走，要把脚后跟提起，尽量用脚掌着地行走，以免发出声响。第三，在楼道、楼梯等环境里，由于过道狭窄，行走时要靠右行，途中如遇来宾走来，要提早侧身让路，并微笑点头致意，表示尊重。第四，进出电梯时，应遵循"先出后进"的原则。进出时，应侧身而行，以免碰撞、踩踏他人，进入电梯后，应尽量靠里边站立。

家风故事

风度翩翩张九龄

张九龄是唐朝著名的诗人，也是一位优秀的政治家。张九龄容貌清秀，平时总是衣帽整洁。走在路上，总显得风度潇洒，与众不同。所以，每当朝廷有重要的朝会，在众人中间，他总是很显眼，连皇帝对他的举止都赞赏不已。同一位衣着整洁而且有风度的人在一起，我们总会觉得愉快，感到精神焕发。相反，同一个不讲卫生又很俗气的人在一起，就会感到很难受了。

触龙快走劝赵太后

赵国的太后刚刚执政，就遇到秦国的猛烈进攻，只得向齐国求援。但齐国提出要以赵太后的小儿子长安君作为人质入居齐国，才能出兵救援。赵太后十分疼爱长安君，不愿让他去齐国，没有答应这个条件。大臣们纷纷劝说，都遭到赵太后的断然拒绝。她甚至公开扬言："有谁再和我提起让长安君做人质的事情，我一定要吐他一脸唾沫。"左师（官名）触龙决定去说服赵太后，由于他脚有病，走路不便，为了不失礼节，他只得做出快

第一章 | 举止文明：仪态礼仪

走的样子，却慢慢地向前挪动脚步。见到赵太后，他首先谢罪说："我因为脚有毛病，所以不能快些走，很久也没有见您了。"后来，经过触龙的再三劝说，终于说服了赵太后，派长安君到齐国做人质，齐国才派军队前来救赵。

第二章

言语有度：言谈礼仪

言谈礼仪是指由言语、体态和聆听艺术构成的沟通方式，指两个或两个以上的人所进行的对话，是双方知识、阅历、教养、聪明才智和应变能力的综合表现。从最简单的称呼，到内心的表达，在中国古代的传统礼仪中我们可以明确地看到言语对于君子的重要意义。

谦谦君子的称呼

【原文】

称尊长，勿呼名。

——《弟子规》

【译文】

对有地位的人、受人尊敬的人、辈分高的人或年长的人，不能直接称呼人家的姓名。

礼仪之道

称谓是社会生活中必不可少的语言。古人非常注重语言的文明，交注中注注谦称自己，敬称对方。同时，在一些常用的语言上也体现着谦敬有礼。

古人常用的谦称有：愚、鄙、卑、小等，表示自己愚笨无知、才疏学浅、地位低下等意思。不论自己是否真的无知无能，但谦卑可借以抬高对方的才能、地位。如"愚生""鄙人""卑职"，还有"不肖""不才""晚生""小生""在下"等。老人自谦时，常用"老朽""老拙""老夫""老身"等词，以表示自己衰老无用。即使是皇帝，也常以谦辞自称，如"孤家""寡人"等，谦称自己是不高明之人。

谦称自己的同时，古人又以敬称称呼对方。诸多敬称中，有陛下、殿下、阁下、圣等。如"圣"，表示德行高尚、智慧超群，孔子被称为孔圣人，帝王被称作圣上、圣驾。

"陛"是进入廷殿必经之路。皇帝升朝时，近臣侍兵常要站在陛的旁边。群臣向帝王上言，自称"在陛下者"，由此，"陛下"逐渐就成了皇帝的指称。而"殿下"则因帝王在殿堂接待群臣而来。"阁"较"殿"小，但也为达官贵人所属，所以"阁下"是对有一定社会地位的人的敬称。

此外，子、令、尊、贤等也常用来敬称他人。"子"是古代对有学问、有德行的男子的尊称。孔子、孟子、老子、庄子等，都是尊称。"令"表示善与美的意思，一般对人表示恭敬之心，在称呼前均加一"令"字。如令堂、令史、令郎、令侄等。"尊"字也是常用敬称。《颜氏家训·风操》说："凡与人言，称彼祖父母、世父母、父母及长姑，皆加尊字。"即可称尊祖、尊翁、尊夫人。"家"也是一个表示敬意的词。一般用于对人称比自己辈分高的亲人。如家父、家慈、家兄等。"贤"字表示德才之能，如贤弟、贤侄等。

除了称谓，古人在语言中还有许多表示恭敬、客气、文雅的词语。初次见面称"久仰"。久别重逢称"久违"。看望他人称"拜访"。招待远客称"洗尘"。宾客到来称"光临""惠顾"。求人办事称"拜托""鼎助"。陪同客人称"奉陪"。中途退走称"失陪"。请人评论称"指教""斧正"。求人给方便称"劳驾""借光"。请人原谅称"包涵"。谦称己见为"浅见"。

在我国古代礼貌用语中，有专门的表敬副词。这一类副词，常用于对话中，一般并无具体意义，只是表示对人的尊敬或者对己的谦卑，在人际交往中起敬让礼貌作用。如"楚王曰：'吾请无攻于宋矣。'"（《墨子·公输》）这里的"请"字不必作"请求"解，只是表客气而已。"愿大王幸听臣等。"（《史记·文帝纪》）这里的"幸"字也只表示尊敬、客气的意思。尊人的表敬副词除"请""幸"之外，常用的还有"谨""敬""惠"诸字，它们的意义虽有不同，但作为礼貌用语则起着同样的作用。我国古代用语中讲究谦辞、敬辞，充分表现了人们在交往中的文明程度，反映了社会的精神风貌和人际伦理道德规范。直到今天，我们在人际交往中还保留了一部分谦辞、敬辞。如"请"及多用于书面的"恭""敬""谨"等。

敬称也罢，谦称也罢，都是为了表示尊敬有礼。许多人在同别人打交道时，不惯于使用谦敬之词，认为客套之语有做作虚伪之嫌，这些看法都有失片面。

对于现在的人们来说，要养成使用敬语的文明习惯，首先必须在心里存有敬人之心，如此才可能在语言上表示出对别人的尊敬，心有所存才能口有所言。

交际通常自称呼而始。下面，我们将较为详尽地介绍有关现代称呼的基本礼仪。在交际的过程中，称呼不仅是关键之点，而且也是起始之处，应该说它是人际交往的一个重要开端。平时有人不太注意这个方面，其实它是非常重要的。当你和别人见面的时候，称呼的问题，往往是绕不过的，在打电话时或者是在网上沟通时也往往存在着。简而言之，称呼在人际交往中起着两个方面的重要作用。

其一，表示尊重。在人际交往中，尊重为本。使用尊称，意在向别人表示敬意。当你向别人表示尊重和友善的时候，基本的要求就是使用尊称。比如，面对一位老人家，你叫他老先生、老人家，在我们国内，约定俗成这是一种尊称。有些时候要不注意这些可就失礼了。比如，有的人叫人家老头子、老太太，那可就有失于尊重了，别人也会感到不舒服。

其二，拉开距离。你注意到了吗？在不同的情况下使用不同的称呼，往往表示着人际距离的不同。比如说，夫妻、恋人之间，有时候就不一定使用正式的称呼。一声"哎"，尽在不言中。但若面对外人，你与一位异性之间也和人家"哎"，那就麻烦了，那会有点暧昧，显得不合时宜。

称呼不当，的确误事。但有时同一个人会有很多的称呼，如果你想称呼一个比你大二十岁左右的男人，你可以称呼他为叔叔、先生，也可以称呼他为前辈、同志。但是在很多情况下，我们不知道应该如何称呼对方为好。在称呼的问题上，一定要讲究"看对象，讲规矩"。这是一条基本规则。

在日常生活与工作中，使用哪些称呼比较受人家欢迎呢？换言之，称呼别人时有何基本要求呢？

第一，要采用常规称呼。常规称呼，即人们平时约定俗成的较为规范的称呼。但是，常规性称呼，实际上也受到时间、地点的限制。比如，中国人对老年人是非常尊重的。我们从小就知道不能够称呼父母的名字，要为尊者讳。而在欧美的国家里，是讲究人的平等的，所以孩子直呼其父母的名字是很正常的，爸爸叫孩子名字就更正常了。我们国家，上边可以叫下边的名字，下边则绝不能够反其道而行。在任何情况下，对别人的称呼都一定要讲究常规。

第二，要区分具体场合。在称呼的具体使用过程中，一定要区分场合。

在不同的场合，应该采用不同的称呼，在党和政府内部，大家通常互称同志。但是在国际交往中，面对政府部门的外国友人的时候，就不能称呼人家同志了，而应该称呼人家为主席、总理、部长，以示场合有别、身份有别。称呼，实际上是表示身份的一种常规做法。

第三，要坚持入乡随俗。我们在使用称呼的时候，还要考虑入乡随俗的问题。十里不同风，百里不同俗。倘若习俗不一样，称呼往往不大一样。称呼的入乡随俗的问题，是一定要注意的。

第四，要尊重个人习惯。人和人是不一样的，有的时候人们称呼的习惯也不一样。譬如说在国际交往中，官方有一个习惯，就是在称呼官员的时候，往往称为"阁下"，比如"总理阁下""总统阁下"，但是有些国家的习惯则是不称"阁下"的。比如，美国、德国、墨西哥就没有"阁下"之称。懂得外交礼仪的人都知道，在那些地方，你要称呼当地官员的时候，以不使用"阁下"为妙。我们国内也是这样，像我们的老一辈革命家，都有一些约定俗成的称呼：毛泽东同志，我们叫他"毛主席"。周恩来总理，我们叫他"周总理"。而刘少奇主席，人们则习惯叫他"少奇同志"。

以上几点都是建立于尊重被称呼者的基础上的。

家风故事

趣谈"关羽"

对于关羽的称谓，有一个变化的过程，且还伴随着不大不小的争议。曹操以汉朝廷封关羽为汉寿的亭侯，后来人们称他为汉寿亭侯；刘备以关羽为襄阳太守、前将军；诸葛亮称他为美髯公；陈寿称赞关羽为万人敌；而孙权一方直呼其名关羽或羽表示敌对；周瑜直称其关。

关羽过世时有了谥号壮缪侯，他成神之后人们改成壮穆侯，实际这是一种杜撰；两晋南北朝的时候就有武将被人赞誉为"古之关公"，称赞其勇武；后来关羽开始成神了，先是被道教请去做了崇宁真君，又被佛教抢去做了盖天古佛和伽蓝菩萨。皇帝们也开始追封关羽，先是公，然后是王，接着再到帝，过程复杂。光是这个王，就有北宋徽宗大观二年封武安王，徽宗宣和五年封义勇武安王，南宋高宗建炎二年封壮缪义勇武安王，孝宗淳熙十四年封壮缪义勇武安英济王，元泰定帝天历八年封显灵义勇武安英济王。

关羽正式称帝是明神宗万历四十二年，为"单刀伏魔神威远镇天尊关圣帝君"，后清道光八年为"忠义神武灵佑仁勇威显关圣大帝"。

大约在明朝，关羽挤走了武庙原来的武圣姜子牙，晋升为新任武圣。宋元明三国故事话本出现后，关羽的"义"被渲染，开始成为流民的保护神，同时因为桃园结义的因素，被加上了宋元市井语言，成为关二哥、关二爷、关爷爷、二爷等，最高的称号是五虎上将之首。

明清生意人因关羽是义的代表，将其作为公平之上的武财神，关羽开始以笑姿出现在各种店铺。

明清的天地会和清朝皇室同拜关羽，天地会拜香火都要在关老爷像前，后来天地会的分支比如三合会流散到香港，也带去了这个仪式，我们在今天的港片中也能看到拜关老爷的画面。

香港文武庙是香港著名的景点，门柱上关公的号是忠义仁勇关圣帝君，里面的牌匾上书"九天扬化协天无极关圣帝君"，这更是对关羽的一种无上的敬称。

亲切友好的问候

原　典　赏　读

【原文】

为人子，方少时。亲师友，学礼仪。

——《三字经》

【译文】

做人子弟的，从小候就要亲近良师益友，并从他们身上学习待人处事的礼节和知识。

礼仪之道

问候，亦称问好、打招呼。一般而言，它是人们与他人相见时以语言向对方进行致意的一种方式。通常认为，一个人在接触他人时，假定不主动问候对方，或者对对方的问候不予以回应，是十分失礼的事情。在问候他人时，需要在问候次序、问候态度、问候内容三方面加以注意。

第一，问候次序。

在正式会面时，宾主之间的问候，在具体的次序上有一定的讲究。

1. 一个人问候另一个人。一个人与另外一个人之间的问候，通常应为"位低者先行"，即双方之间身份较低者首先问候身份较高者，才是适当的。

2. 一个人问候多人。一个人有必要问候多个人时，既可以笼统地加以问候，也可以逐个加以问候。当一个人逐一问候许多人时，既可以由"尊"而"卑"、由长而幼地依次而行，也可以由近而远地依次而行。问候他人，在具体内容上大致有两种形式，它们各有自己不同适用的范围。

（1）直接式：所谓直接式问候，就是直截了当地以问好作为问候的主要内容。它适用于正式的人际交往，尤其是宾主双方初次相见。

（2）间接式：所谓间接式问候，就是以某些约定俗成的问候语，或者在当时条件下可以引起的话题，诸如，"忙什么呢""您去哪里"，来替代直接式问好。它主要适用于非正式交往，尤其是经常见面的熟人之间。

第二，问候态度。

问候是敬意的一种表现。当问候他人时，在具体态度上需要注意以下四点。

1. 主动。问候他人，应该积极、主动。当他人首先问候自己时，应立即予以回应。

2. 热情。在问候他人时，通常应表现得热情而友好。毫无表情，或者表情冷漠，都是应当避免的。

3. 自然。问候他人时的主动、热情的态度，必须表现得自然而大方。矫揉造作、神态夸张，或者扭扭捏捏，都不会给他人以好的印象。

4. 专注。在对他人进行问候时，应当面含笑意，双目注视对方的两眼，

第二章 言语有度：言谈礼仪

以示口到、眼到、意到，专心致志。

第三，问候内容。

问候他人的内容大体可分为两种形式，它们各自有着不同的适用范围。

1. 直接式。直接式问候指的是直截了当地以问好作为问候的主要内容。它适用于正式的人际交往，尤其是宾主双方正式见面时。

2. 间接式。间接式问候指的是以某些约定俗成的问候语，或者在当时条件下可以引起的话题，诸如"忙什么呢？""您去哪里"来替代直接式问候。它主要适用于非正式交往，尤其是经常见面的熟人之间。

家风故事

不懂礼貌惹人笑

从前，有一个非常不懂礼貌的孩子，他的父母让他拜一位德高望重的先生为师，跟随先生学习知识和礼数。

有一次，有位客人来拜望先生，他见有人来了，马上跟着进了正厅，一屁股坐到椅子上。先生与客人寒暄，刚刚问了一句"从哪里来"，他就抢先说："肯定是去过乡下了，鞋子上全是泥，把地都弄脏了。"客人听了，脸色非常不好。先生看了他一眼，没有说话。

先生与客人闲谈了一会儿，便开始说正事了，可是他用手托着下巴，歪着身子坐在椅子上，始终不肯离开。先生又看了看他，对他说："你去吩咐厨房为客人准备一下午饭。"他这才恋恋不舍地离开了。

到了该吃饭的时候，饭菜全都摆好了，他一溜小跑来到正厅，扔下一句："先生吃饭了。"然后扭头就跑到了饭桌旁，拿起碗就开始吃饭。

先生生气地对他说："怎么这么没有礼貌，客人还没有落座，你怎么能先吃饭呢？现在你去隔壁把李老先生请过来，和我们一同吃饭。一定要注意恭敬，不得无礼，否则我不轻饶你。"

客人见先生派他去请李老先生，非常诧异地说："这个弟子面生得很，是新收的吧？不怕您生气，我看您这个学生啊，实在是没有礼貌。您的学生也不止一个，李老先生是讲礼数的人，您为什么不派一个懂礼貌的学生去请李老先生呢？"

先生笑了笑，回答说："就是因为他不懂得礼貌，我才安排他去请李老先生，多与懂礼数的人接触，对他有好处。这是我新收的一个学生，我会慢慢教导他，今天他对您不恭敬，看在我的面子上，多原谅他吧。"客人听了，笑着说："您不用客气，小孩子学礼数学得快，有您这样一位老师，他一定会有出息的。"说罢，两个人笑了起来。

后来，先生对这个孩子用心地教导，时常安排他与一些懂礼仪的人接触，并把平时招待客人的任务交由他来做，而先生的客人多是德才兼备之人，所以他逐渐地被影响得谦虚有礼了，他的父母见到孩子的巨大转变，感到非常欣慰。

如沐春风的赞美

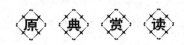

【原文】

崇人之德，扬人之美，非谄谀也。

——《荀子·不苟》

【译文】

尊崇别人的美德，赞扬别人的优点，并不算是阿谀奉承。

礼仪之道

在社会交注中，绝大多数人都期望别人欣赏、赞美自己，希望自身的价值得到社会的肯定。恰当地运用赞美的方式，会激发人们的积极性，产生巨大的精神力量。一般来说赞美是一种能引起对方好感的交注方式。赞同我们的人与不赞同我们的人相比，我们更喜爱前者，这符合人际交注的酬赏理论。但令人遗憾的是：不少人把赞美当作取悦他人的简单公式，不分时间、

地点、条件对他人一味地加以赞美，实际上，这一做法是不足取的。因为我们知道：人借助语言进行交注，语言具有影响对方的心理反应，进而影响双方人际关系的效能，任何一种语言材料、语言风格、交注方式对人际关系产生何种影响，常因人、因时、因地而异，赞美这一交注方式也不例外，它的效能也具有相对性和条件性。因此，赞美的效果要受各种条件制约。能引起好感的赞美要借助以下条件。

第一，热情真诚的赞美。

每个人都希望大家做到真心诚意，它是人际交注中最重要的尺度。能引起好感的赞美首先必须是发自内心，热情洋溢的，否则那就是恭维。赞美和恭维到底有什么区别呢？说白了其实很简单，一个是真诚的，而另一个是虚伪的；一个是发自内心的，而另一个只不过是口头上的；一个没有丝毫自私目的，而另一个是出于个人私利。

音乐家勃拉姆斯是个农民的儿子，生于汉堡的贫民窟，年少时由于得不到受教育的机会，没有条件系统地学习音乐，所以对自己未来能否在音乐事业上取得成功缺乏信心。然而，在他第一次敲开舒曼家大门的时候，根本没有想到他一生的命运在这一刻改变了。当他取出他最早创作的一首C大调钢琴奏鸣曲草稿，手指无比灵巧地在琴键上滑动，弹完一曲站起来时，舒曼热情地张开双臂抱住了他，兴奋地喊着："天才啊！年轻人，天才……"正是这出自内心的由衷赞美，使勃拉姆斯的自卑消失得无影无踪，也赋予了他从事音乐艺术生涯的坚定信心。在那以后，他便如同换了一个人，不断地把才智和激情流泻到五线谱上，成为音乐史上的一位卓越的艺术家。正是这一句真诚的赞美，成就了一位音乐大师。

第二，令人愉悦的赞美。

赞美的言语应该是对方喜欢听的言语，能达到使人愉悦的目的，我们称它为愉悦性原则。在交际活动中，遵守愉悦性原则，就是要多说对方喜欢听的话语，不说对方讨厌的言辞。这样，注注能收到较好的表达效果。

第三，具体明确的赞美。

空泛、含糊的赞美因没有明确的评价原因，常使人觉得不可接受，并怀疑我们的辨别力和鉴赏力，甚至怀疑我们的动机、意图，所以具体明确的赞美才能引起人们的好感。对他人总以"你工作得很好""你是一个出色的领导"来赞美，只能引起人家反感。

第四，符合实际的赞美。

在赞美别人时，应尽量符合实际，虽然有时可以略微夸张一些，但是应注意不可太过分。如某个人对某领域或某个方面提出了一些很好的意见，或者有了一点成果，我们可以说"你在这方面可真有研究"，甚至可以说"你是这方面的专家"，可如果你说"你真不愧是个著名的专家""你真是这方面的泰斗"等，对方如果是个正派人就会感到不舒服，旁观者也会觉得我们是在阿谀奉承，另有企图。

第五，让听者感到无意的赞美。

赞美者不是有意说给被赞美者听的赞美叫无意的赞美，这种赞美会被人认为是出自内心，不带私人动机的。

第六，不断增加的赞美。

阿伦森研究表明：人们喜欢那些对自己的赞美不断增加的人，并且对自始至终都赞美自己的人与最初贬低逐渐发展到赞美的人，人们会尤其喜欢后者。因为相对来说，前者容易使人产生他可能是个对谁都说好的"和事佬"的感觉；但人们对开始持否定态度的后者会留下这样一种印象：说我不好，一定是经过考虑、分析的，可能有他一定的道理，从而认为对方可能更有判断力，进而更喜欢他。

第七，出人意料的赞美。

若赞美的内容出乎对方意料，易引起好感。卡耐基在《人性的优点》中讲过他曾经历的一件事：一天，他去邮局寄挂号信，从事着年复一年的单调工作的邮局办事员显得很不耐烦，服务质量很差。当他给卡耐基的信件称重时，卡耐基对他称赞道："真希望我也有你这样的头发。"闻听此言，办事员惊讶地看着卡耐基，接着脸上泛出微笑，热情周到地为卡耐基服务，显然这是因为他接受了出乎意料的赞美的缘故。

总之，赞美是人的一种心理需要，是对他人尊重的表现，是一剂理想的黏合剂，给人以舒适感，它会使我们拥有更多的朋友。但"赞美引起好感"并不是绝对的、无条件的，要受赞美动机、事实根据、交往环境诸因素的制约和影响，因此我们在进行社会交际活动时，必须记住——"一味地赞美不足取"。

031

第二章 言语有度：言谈礼仪

家风故事

不做"好好先生"

明代冯梦龙在《古今谭概》中讲了一个"好好先生"的故事。说的是东汉末年有个叫司马徽的人，无论别人讲什么事，他都一律回答"好"，对人也非常有礼貌，久而久之，别人送给他一个"好好先生"的绰号。

但是这位"好好先生"讲面子不讲人格，讲人情不讲原则，认为"坚持原则是非多，碰着硬茬麻烦多，平平稳稳好处多，拉拉扯扯朋友多"。他的不讲原则，一开始让人们觉得他很好说话，可是后来越来越觉得他没有原则，即便是称赞人家也不是诚心诚意，而且没有立场，所以人们选择远离他，最后他孤独终老。

这样的处世原则，只是一味地说好，其实对社会是无益的，如果对不道德的行为也总是一味地说"好"，那么对社会就是一种危害了。冯梦龙正是看到这种思想暗藏在很多人的灵魂之中，才写出来加以讽刺的。

无意伤害的忌讳

【原文】

言必虑其所终，而行必稽其所敝。

——《礼记·缁衣》

【译文】

讲话一定要考虑后果，行动之前要考虑清楚有没有弊端。

礼仪之道

言之有物，真诚不夸大。待人真诚是赢得友谊与尊重的前提。无论是赞美还是批评，只要是发自内心的，都会令对方身心恰然。谈话是一门艺术，为了使之在快乐、和谐的气氛中进行，就必须在谈话中注意一些忌讳。

在有多人参加的集体聚会中，切忌只谈个别人知道或感兴趣的事情，或只与个别人交谈而冷落其他人。这对于被冷落的人来说，除了尴尬之外，也是一种不尊重。这种情形在有好为人师者参加时最为多见。

不要涉及令人不愉快的内容，如疾病、死亡、荒诞的事情。当谈话中一定要涉及的时候，就要善用委婉语了。话题不要涉及他人的隐私，这在西方一些国家中，显得尤为重要，比如对方的年龄、收入状况、家庭关系、婚姻状况等，甚至包括学生的考试成绩。

少插言，甚至不插言。在和对方谈论时应多说"后来呢？""真的啊！"等，鼓励对方讲下去，而不是在对方在这个话题上还意犹未尽地谈论时，打断别人的谈话或是让对方转移到另外一个话题上，这只会令对方认为你是个无礼的人。

不在背后议论别人，尤其是不要在背后通过贬损他人来抬高自己，这是一种极端愚蠢的行为。那只会让别人觉得你是一个"长舌头"，更会让人觉得你一定会在别人的面前再去议论他的是非，从而招来别人的厌恶。就算你本无恶意，但是"说者无意，听者有心"。

跟上节拍。不要在别人已经转移到另外一个话题时，你还停留在之前的话题上。那样只会让你不合群，也会让别人认为你是一个不识趣的人。由于中外文化、宗教信仰、生活习惯的差异，在我国本是很平常的话题，在别的国家都可能是忌讳的敏感内容。因此在与外国人打交道时，尤其要注意回避对方忌讳的话题。例如，过分地关心他人的行动去向，了解他人年龄、婚姻、收入状况，询问他人身高体重等，这些都被外国人视为对其个人自由的粗暴干涉，是交谈所不宜涉及的。

在与人交往的过程中，有些人总是不能控制自己的好奇心，问别人一些比较隐私的问题。这不仅会让自己"碰钉子"，还会给双方的交谈沟通蒙上

第二章 言语有度：言谈礼仪

一层尴尬、不友好的气氛，使交谈中断，无法顺利进行。如果不想在人际交往中有遗憾，就要学会控制自己的好奇心，遵循交谈"五不问"的原则。

不要问别人的收入与支出。在交谈中最好不要问对方的收入与支出，这是对别人的一种尊重，是一种良好的修养。

不要问对方的生活经历。交往的过程中，有些人喜欢打听对方的"底细""背景"。这样做，很容易让人误会你与他交往是别有用心。

不要问对方的年龄。很多女性把自己的实际年龄当作"核心机密"。如果在公共场合你去问一位女性的年龄，这对她是一种极大的不尊重，其他人也会认为你不够成熟，没有修养。

不要问及婚姻和家庭。在现代社会，对于不熟悉的人不要随便问其婚姻和家庭，在尊重个人隐私的前提下，即使是很要好的朋友也不要触及一些人的痛处。

家 风 故 事

杨修之死

每个人都喜欢别人认为自己聪明、有才华、很能干，因此，很多人言谈举止之间，总是有意无意显示自己某方面的优势。如果是在同事、朋友之间这样，应无大碍，若是在领导面前蓄意显能，往往会给自己带来厄运。因为你太聪明了，什么事都瞒不过你的眼睛，他就会视你为眼中钉、肉中刺，早晚要把你铲除掉才安心。

三国时期的杨修，在曹营内任主簿，思维敏捷，很有才。由于为人恃才自负，屡犯曹操之忌。曹操曾营造一所花园，竣工了，曹操看后，不置可否，只提笔在门上写了一个"活"字，手下人都不解其意，杨修说："'门'内添'活'字，乃'阔'字也。丞相嫌园门阔耳。"于是再筑围墙，改造完毕又请曹操前往观看。曹操大喜，问是谁解此意，左右回答是杨修，曹操嘴上虽赞美了几句，心里却很不舒服。又有一次，塞北送来一盒酥，曹操在盒子上写了"一盒酥"三字。正巧杨修进来，看了盒子上的字，竟不待曹操说话，自取来汤匙与众人分而食之。曹操问是何故，杨修说："盒上明书一个人一口酥，岂敢违丞相之命乎？"曹操听了，虽然面带笑容，可心里十分厌恶。

曹操性格多疑，生怕有人暗中谋害自己，谎称自己在梦中好杀人，告诫侍从在他睡着时切勿靠近他，并因此而故意杀死了一个替他拾被子的侍从。可是当埋葬这个侍者时，杨修喟然叹道："丞相非在梦中，君乃在梦中耳！"曹操听了之后，心里愈加厌恶杨修，便想找机会除之。

曹操率大军迎战刘备打汉中时，在汉水一带对峙很久，曹操由于长时间屯兵，到了进退两难的处境。此时恰逢厨子端来一碗鸡汤，曹操见碗中有根鸡肋，感慨万千。这时夏侯惇入帐内禀请夜间号令，曹操随口说道："鸡肋！鸡肋！"于是人们便把这句话当作号令传了出去。行军主簿杨修即叫随军收拾行装，准备归程。夏侯惇见了惊恐万分，把杨修叫到帐内询问详情。杨修解释道："鸡肋鸡肋，弃之可惜，食之无味。今进不能胜，退恐人笑，在此何益？来日魏王必班师矣。"夏侯惇听了非常佩服他，营中各位将士便都打点起行装。曹操得知这种情况，以杨修造谣惑众，扰乱军心的罪名，把他杀了。

俗话说得好："聪明反被聪明误。"杨修是一个绝顶聪明的人，问题在于他被聪明所误，处处都要露一手，正所谓"恃才放狂"，不顾及别人受不受得了，不考虑别人讨厌不讨厌，而这个别人，却是曹操这个恃才傲物的顶头上司。于是，针尖儿对麦芒，杨修终于送掉了自己的小命。

杨修智慧超人，却因过于自负，不给曹操留一点面子，而丢了性命，这是每一个想以"聪明"博得上司欢心的下属应该吸取的一条教训，曹操的"鸡肋""一盒酥"及门中的"活"字等，都是一种普通的智力测验，是一种文字游戏，他的出发点并不是真为了给大家出题测试，而是为了卖弄自己的超人才智，因此，即使下属猜着了，也只能含而不露，甚至还要以某种意义上的"愚笨"去衬托上司的"才智"。但是，杨修却毫不隐讳地屡屡点破曹操的迷局。杨修锋芒外露，好逞才能，因此而赔上了自己的性命，未免太可惜了。杨修聪明反被聪明误的故事告诉我们：作为下属，必须要具备良好的素养，处处想到表现自己，放任自己，无视上司的自尊心和心理承受能力，锋芒毕露，咄咄逼人，必然会招来上司的忌恨，最终使自己引火烧身。

为自己争取公平的对待是应该的，但首先要确保你已经伤愈，不要急于和敌人见高下，"留得青山在，不怕没柴烧"，才是保存实力的硬道理。自古以来识时务的英雄都是这样的。

所以大家都要记住，当我们不够强大的时候，面对顺境要时刻冷静，随机应变，防止被人暗算。当我们遇到伤害的时候，要保存实力，不多说话。困境中，不要怨恨别人，同时分清每一个向你伸出手来的人内心的真实想法，不要被人利用。

守时重信的承诺

【原文】

言必信，行必果，使言行之合，犹合符节也，无言而不行也。

——《墨子》

【译文】

说话一定要讲信用，做事一定要果断，要使讲话和做事一致，就如同使符节相合一样毫无间隙，没有一句话不实行的。

礼 仪 之 道

墨子针对当时社会纷乱、国家之间互相攻伐的局面提出了"兼相爱、交相利"的主张，反对"交相恶"，并一再强调应"以兼易别"，兼，就是相爱；别，就是相恶。墨子倡导人们以相爱来取代相恶，认为厌恶别人的人，别人也会厌恶他，给别人带来伤害的人，别人也会反过来伤害他。

社会交往中，信用二字至关重要。自古就有"一诺千金，一言百系"，"一言既出，驷马难追"的说法。因此，要让别人相信你、尊重你，你就必须要言而有信。

古人云："人无信，不可交。"如果言而无信，在社交场合中就不会有真正的朋友。而要做到言而有信，必须从以下几个方面约束自己。

对朋友以诚相待。与朋友相处要坦诚，只有牢记这一点，才能与朋友建立相互信赖的关系，朋友才会信任你。

记住自己的许诺。所谓的"一诺千金"，就是告诉我们，不能轻易向别人许诺，一旦许了诺，就要记住，并不遗余力地去兑现，否则你会失信于人。

言而有信，行而有果。一个人要时刻对自己的言行负责，说了就要做到，做不到就不要说。要严守信誉，绝不食言。

"生来一诺比黄金，哪肯风尘负此心。"表达了诗人坚守信用的处世态度和内在品格。因此，中国人历来把守信作为为人处世、齐家治国的基本品质。中国古人有言："君子以诚信为本，小人以趋利为务。"可见，处世之本，在于诚信。

为人处世决不能见利忘义，不讲信用。做人最根本的一条是诚信。一个人如果时时、处处、事事讲信用，那么他的事业将会走向成功，人生将会丰富多彩。

诚信乃做人之本，这是很多成功人士恪守的人生准则。人生向上的基础是诚、敬、信、行。诚是构成中国人文精神的特质，也是中国伦理哲学的标志。诚是率真心、真情感，诚是择善固执，诚是用理智抉择真理，以达到不疑之地。不疑才能断惑，所谓"不诚无物"就是这个道理。而"信"则是指智信，不是迷信、轻信，这种信依赖智慧的抉择，到达不疑，并且坚定地践行。

家风故事

鲁哀公借机讽刺孟武伯

春秋时期，鲁国大夫权臣孟武伯不守信用，鲁哀公对他极为不满。

鲁哀公二十五年六月，鲁哀公从越国返回鲁国，孟武伯到五梧迎接，鲁哀公在五梧举行宴会，当时有个名叫郭重的大臣也在座，这郭重长得很肥胖，平时颇受鲁哀公宠爱，因而常遭孟武伯的嫉妒和讥辱。但郭重为人忠厚、诚信，是孟武伯所无法企及的。这时，孟武伯借着给哀公敬酒的机会，故意恶心郭重说："你吃了什么东西这样肥胖啊？"旁边的大臣插话说："应该罚孟武伯的酒，郭重跟随国君辛苦奔波，你却说他胖，真不像话。"鲁哀公听了，便代郭重说道："食言多也，能无肥乎!他吃自己的话太多了，能不胖吗？"这就是在说孟武伯一贯食言，从不遵守自己的诺言，不守信用，让人信不过。于是宴会不欢而散，孟武伯感到很没面子。

分寸有度的交谈

【原文】

礼，不妄说人，不辞费。

——《礼记·曲礼上》

【译文】

礼，不胡乱取悦、讨好人，不说多余的话。

礼 仪 之 道

讲分寸是一门很大的学问。也就是我们常说的"度"。说话一定要掌握好分寸，这是与人交谈必备的基本能力。

急事，慢慢地说。遇到急事，如果能沉下心思考，然后不急不躁地把事情说清楚，会给听者留下稳重的印象，从而增加他人对你的信任度。

小事，幽默地说。尤其是一些善意的提醒，用句玩笑话讲出来，就不会让听者感觉生硬，他们不但会欣然接受你的提醒，还会增强彼此的亲密感。

没把握的事，谨慎地说。对那些自己没有把握的事情，如果你不说，别人会觉得你虚伪；如果你能谨慎地说出来，会让人感到你是个值得信任的人。

没发生的事，不要胡说。人们最讨厌无事生非的人，如果你从来不随便臆测或胡说没有的事，会让人觉得你为人成熟、有修养，是个做事认真、有责任感的人。

做不到的事，别乱说。俗话说，"没有金刚钻，别揽瓷器活"。不轻易承诺自己做不到的事，别人会觉得你是一个"言必信，行必果"的人，会愿意相信你。

伤害人的事，不能说。不轻易用言语伤害别人，尤其在较为亲近的人之间，这样人们会觉得你是个善良的人，愿意和你维系和增进感情。伤心的事，不要见人就说。人在伤心时都有倾诉的欲望，但如果见人就说，很容易使听者厌烦或心理压力过大，对你产生反感。同时，你还会给人留下不为他人着想，想把痛苦转嫁给他人的印象。

别人的事，小心地说。人与人之间都需要安全距离，不轻易评论和传播别人的事，会给人交往的安全感。

自己的事，听别人怎么说。自己的事情要多听听局外人的看法，一则可以给人以谦虚的印象，二则会让人觉得你是个明事理的人。

尊长的事，多听少说。年长的人往往不喜欢年轻人对自己的事发表评论，如果年轻人说得过多，他们就觉得你不是一个尊敬长辈、谦虚好学的人。夫妻的事，商量着说。夫妻之间，最怕的就是遇到事情相互指责，相互商量会产生"共鸣"的效果，能增强夫妻感情。孩子们的事，开导着说。尤其是青春期的孩子，非常叛逆，采用温和坚定的态度进行开导，既可以让孩子对你有好感、愿意和你成为朋友，又能起到说服的作用。

此外，我们还可以从以下几个方面来把握谈话的尺度。

第一，委婉的拒绝。

当遇到一些为难的事情，我们不得不用推辞的、拒绝的语言来谢绝。遭到别人的拒绝是一件不愉快的事，委婉、恰当的语言和态度可以减轻对方心中的失望和不快。首先，感谢对方的热情友好，要表现出非常高兴地接受对方的感情。其次，寻找恰当的借口。然后采用"移花接木"的方法加以拒绝。不直接回答对方的问题，而是用相关的内容去回答。

第二，善意的批评。

批评是一个敏感的话题，批评对象常用挑剔或敌意的态度来对待批评

039

第二章 言语有度：言谈礼仪

者，所以批评一定要讲究方式方法。首先体谅对方的情绪，取得对方的信任。从对方的角度看问题，站在对方的立场考虑是否能接受得了这种批评。其次要有诚恳而友好的态度。以鼓励的方式进行批评是比较稳妥的。从正面以鼓励的方式说出批评意见，是一种含蓄的批评。

第三，温暖的安慰。

亲切的安慰犹如雪中送炭，能给不幸者带来温暖、光明和力量。但是不恰当的安慰，却会给不幸者带来伤害。因此，只怀着善良的心是不够的，要使安慰获得最佳效果，掌握好安慰的策略、尺度以及方法，都是至关重要的。最佳的安慰方法是寓安慰于鼓励之中。这种安慰不仅有助于安定别人烦躁、落寞的情绪，而且还会给人以面对困难的勇气。

安慰病人：探望身患重病的不幸者，不要过多谈论他的病情和治疗情况，否则将会加重病人的思想包袱。不妨多谈谈病人关心、感兴趣的事情，转移对方的注意力，减轻病者的痛苦；如果能够多谈些与对方有关的喜事，促使他精神愉悦，则更有利于病人的早日康复。

安慰残疾人：有严重身体缺陷的残疾人，有的长期坐卧床上，遭受病魔的折磨，性情有时会相当急躁。因此，安慰他们一定要细心、耐心，尤其注意不能带着怜悯的心情。残疾人通常都很忌讳别人把他们当作弱者来可怜。对他们要多讲一些鼓励的话，在赞美中加以鼓舞是一种不错的方式。

安慰老人：对于老人的安慰要注意其年龄特点。一是主题不能涉及死亡；二是要尽量体贴，特别尊重他们，像儿女一样关心他们，让他们感受到家庭的温暖。

安慰病人的家属：重病者的家属往往沉浸在痛苦、烦躁与无助之中，如果安慰不当，反而会勾起辛酸。因此，应与病人的家属多谈一些平常事，让他们将心放宽、放轻松。

安慰死者家属：失去亲人对家属是很沉重的打击，劝慰的时候，一方面要劝其"节哀""想开点"；另一方面绝对不能武断地制止其哭泣，而且不要提及死者，不要为表示惋惜而撩起别人心灵深处的悲伤。

安慰失恋者：热恋中的男女分道扬镳，失恋者肝肠寸断、精神恍惚。安慰他们必须从整个人生的角度去谈，劝其重新振作，追求新的生活。

安慰离婚者：离婚总会给双方带来一种难言的痛苦和伤心。安慰的时候，不能就离婚的对错谈起，而是要迂回地暗示对方应该忘记过去，面对未来，并启发其辩证思考生活中的酸甜苦辣，劝其豁达，开始新的生活。

第四，合适的借口。

借口，是为了达到某种目的而提出的假托的理由。在某些必要的情况下，找到一个合适的借口是一件令人高兴的事情。

成全他人的借口。在应酬过程中，如果发现自己继续在场是多余的，会妨碍他人时，可以找一个借口适时地退出，为别人创造一个理想的应酬环境。隐蔽本意的借口。在应酬中，有时不想把自己的真正意图暴露给对方，常常需要为自己找一个动听的借口，即找一个合理的事情来为自己打掩护，掩盖自己的本意。这样既可以推动应酬成功，又不授人以柄，具有保护自己的作用。

回避难堪的借口。如果自己不想在某种应酬场合待下去，可以找一个合适的借口离开。运用时要注意，说出来的理由一定要比对方挽留的理由更充分，不好回绝，才能达到目的。

争取时间的借口。在应酬过程中，当自己处于不利态势时，为了寻找转机，加强己方的立场，也需要找个借口暂时离开现场，想对策。常见的借口"去卫生间"或者"打电话"。

拒绝他人的借口。拒绝他人的借口必须看起来很正当，不会引起别人的怀疑，才是成功的。如果所找的理由不足以使别人相信，那这个借口就可能影响你的人际关系。

第五，恰当的玩笑。

在生活中，不少人在开玩笑时注注把握不住分寸，结果弄得大家很尴尬，不欢而散，影响了彼此的感情。其实，不是在任何场合都可以随便开玩笑的。玩笑应在某些特定的场合和条件下发挥，并一定要注意一些原则和禁忌。

开玩笑要落落大方，保持得体的礼貌。开玩笑的时候，态度不要轻佻无礼。开玩笑的时候不要故意压低声音，遮遮掩掩，以免别人误以为你是在拿他开玩笑。不要装腔作势，故作姿态。

开玩笑要分场合。在不同的场合，要注意开玩笑的分寸。在工作场合，闲聊中开玩笑不要过于夸张，应避免身体接触、打打闹闹，以免破坏办公场合整体严肃的气氛。下面几种情况可以适当幽默：在非正式的场合，为了打

第二章 言语有度：言谈礼仪

破沉闷的气氛；不相识的人一起聚会，为了拉近距离，表达开心、喜爱、亲近之情时，亲朋好友聚会需要活跃气氛时；自己犯了小错误，表示道歉的时候，等等。

开玩笑要看对象。面对性格爽朗的人、亲朋、熟人等，不妨爽快大方地开玩笑。如果面对的是一个比较内向腼腆的人，则不要轻易和他开玩笑。不要随便与上司或者长辈开玩笑。不要在异性面前开低级玩笑，这会有损你的形象，引起对方的不快、轻视和厌烦。

开玩笑还应看对方的情绪。如果对方心情烦躁，生气发怒，情绪不稳，这时还是不开玩笑为好。如果对方心情愉快，兴致高涨，不妨开个玩笑。

不能以别人的缺点或者尴尬遭遇开玩笑。如果你的交谈对象是残疾人或者病人，开玩笑时不要触及对方的生理缺陷或者病情。

不要捉弄别人。开玩笑是为了人际关系更和谐，而不是为了取笑、捉弄别人、发泄怨恨。开玩笑要注意维护对方的自尊，不要借玩笑压低对方的身份、侮辱对方。

不要捕风捉影，煞有介事地开玩笑。切记：千万不要拿无中生有的、有损他人声誉或者容易影响他人生活的事情开"以假乱真"的玩笑，更不要拿任何人的隐私开玩笑。不要面无表情地开玩笑，以免被认为是在发牢骚。不要总是开玩笑，否则会被人认为你这个人不够庄重。

家 风 故 事

拒绝奉承

宋璟是唐朝武则天时期的著名大臣，以刚正不阿著称。有一天，一个人转交给宋璟一篇文章，并对他说："写文章的人很有才学。"宋璟是一个爱才之人，马上就读起这篇文章来，开始时他一边读一边赞叹："不错，真是不错！应该重用。"可是读着读着，宋璟的眉头皱了起来，原来这个人为巴结宋璟，在文章中对他大加吹捧，这让宋璟很生气。后来，宋璟对送文章的人说："这个人的文章不错，但品行不端，想靠巴结来做官，重用他对国家没有好处的。"因此就没有推荐这个人做官。

苏轼与佛印

　　苏轼同佛印禅师交情很深。一天，苏轼坐在蒲团上，觉得身心很清安，很有境界，就索性写了一首诗："稽首天外天，佛光照大千，八风吹不动，端坐紫金莲。"写完后觉得很欢喜，就把这首诗送给佛印禅师，准备让佛印禅师大大称赞他一番。结果佛印禅师给他写了一个"屁"字送了回来。他看到后觉得离他心里的想法太远，当场就很生气，马上就坐着船去找佛印禅师辩论，到了寺院门口看到门没有开，但佛印禅师却在门口贴了两行字"八风吹不动，一屁打过江"。苏轼看后，觉得很惭愧，同时也觉得功夫真的还不够，就乖乖地回去了。所以真正的功夫要在境界上练，要能历事练心。这个"八风吹不动"，结果一"屁"就把他考验过江了。当我们受到别人的诽谤或称赞时，不应该心里波涛汹涌，应该立刻提起圣人的教诲"不怕念起，只怕觉迟"。当我们有这样的警觉性，每天都在练这种功夫的时候，我们的境界就会慢慢地提升。

表里如一的言行

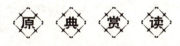

【原文】

口言善，身行恶，国妖也。

——《荀子·大略》

【译文】

　　嘴上说得很漂亮，而行动上却为非作歹，这种人是国家的祸害。

第二章 言语有度：言谈礼仪

礼仪之道

俗话说："人过留名，雁过留声。"但是，我们究竟如何才能获得好的名声，从而获得别人的称誉和赞赏呢？两千多年前的墨子就告诉了我们成功的秘诀，那就是要加强自己的道德修养，做事要言行一致，表里如一，身体力行，踏踏实实地做事情，切不可夸夸其谈、沽名钓誉，只有这样才能水到渠成，功成名就。显然，这也正是我们今天树立和发扬社会主义荣辱观的目的所在，即要求人们能够知荣明耻，身体力行，切实加强自身的道德修养。说话一定要讲信用，做事一定要果断，要使讲话和做事一致。

这句话是墨子用来论证"兼爱"的可行性的。墨子举出许多人口口声声反对"兼爱"，认为"兼爱"是不可能实现的，但如果让他们来选择是把亲人托付给主张"兼爱"的人，还是托付给主张"相恶"的人时，他们都毫不犹豫地选择了前者。墨子用上述名言对这些言行不一的人提出了批评，同时他认为每个人无论做什么事情，都应该"言必信，行必果""无言而不行也"。

墨子的这一观点，即要求人们为人处世应言行一致，在今天仍然具有一定的价值和意义，做人应堂堂正正，要把出于自己口中的道理落实在自己的行动上，切不可嘴上说一套、背后又做一套，这是"阴阳人"的做法，是可耻的行为。

言行一致，表里如一，追求真善美，是为人处世的道德标准和行为准则。墨子认为，善不是出自内心的不能保留；行动不是通过自身辨明的不能树立；名声不能简单地成就；荣誉不能用巧言建立，因此君子要言行合一。

墨子的话告诉我们，高尚的品质、令人向往的名誉都是人所追求的，但这不是靠虚假、巧言令色就能轻易达到的，而是要发自内心的追求并采取与言语一致的行动才能实现的。

我们身边往往有这样一些人，台上与台下、人前与人后、对待领导与对待普通人，都会有截然不同的态度。这些人言行不符、表里相背。他们往往不以诚实为荣，反而以之为耻。

言行一致，贵在身体力行，只要我们坚持践行社会主义荣辱观，从我做起，从现在做起，从一点一滴做起，不说假话、不说空话、不欺上瞒下，努力改变那种"有看法、没办法；有想法、没做法；有号召、没实招"的现象，言必行，行必果。相信通过不懈的努力，一定可以不断提高自己的思想道德修养。"为人民服务"，这五个字说起来容易，做起来难。对普通人来说，重诺守信、言出必行、不夸海口、不乱承诺、不信口开河、拒绝见利忘义，做起来又何尝不是难事呢？但我们不能因为难就不做。因为它是衡量一个人品格的重要尺度，是对一个人道德品质最基本的要求。

言行一致、诚实守信是社会风气的根基，也是树立社会主义荣辱观的基本要求。在这方面，执着支教涂本禹、剑胆琴心任长霞、鞠躬尽瘁牛玉儒等都是值得我们学习的榜样。他们不但怎样说就怎样做，而且做得很成功，很令人感动。

墨子曰："言足以复行者，常之；不足以举行者，勿常。不足以举行而常之，是荡口也。"意思是说，言论要是能够做到的，不妨常说；言论不能够付诸行动的，就不要常说。言论不能付诸行动，却经常说，那就是徒费口舌。

墨子说的那种说一套、做一套，徒费口舌之劳的人，往往不想过后会不会去做，也不管以后能不能做到，总是先把空头支票开了再说。稍好一点的，也是有了点结果就浮夸，脱离现实。他们没有务实的办事态度，没有踏实的办事作风。于是久而久之，就失去了朋友的信任，失去了老板的信任，失去了下属的信任，失去了群众的信任……我们坚决不要做这种众叛亲离、讨人厌的人。要做就要做言行合一的人，言行一致是为人处世的基本要求，然而"得黄金百，不如得季布一诺"，真正做到言行一致是有一定难度的，的我们要努力去做，不可姑息迁就自己。

家风故事

子产说"人心如面"

春秋时期，郑国的执政官子皮打算让尹何担任自己封地上的大夫。尹何

第二章 言语有度：言谈礼仪

非常年轻，从未做过官，自然没有管理这么大片地域的经验和能力，所以，很多人都觉得他胜任不了这个职务。

为此，子皮征求辅助自己执政的大夫子产的意见。子产直截了当地说："尹何太年轻了，让他做大夫恐怕不行。"子皮却不这么认为，说："尹何谨慎、敦厚，我非常喜欢他，他也不会背叛我。他虽然缺乏经验，但是可以慢慢学习啊。时间久了，他必定懂得该如何管理了。"

子产并不认同子皮的话，提出了反对意见，说："那不行，只要一个人爱护另一个人，必定希望对被爱护的人有利。但是你现在的行为，实际上是在害他。这就好比你让一个不会拿刀的人去割肉，那么，这个人很可能会连自己的手指都割掉!"

接着，子产非常诚恳地说："你是郑国的栋梁，如果屋栋断了，我们这些住在屋子里的人都会跟着遭殃的。再举一个例子吧，假设你有一匹精致华丽的锦缎，你会让一个不会裁衣的人帮忙缝制吗？肯定不会吧，因为你怕他把你的锦缎糟蹋了。"

说到这里，子产把话引入正题。他说："大官、大邑都是用来保护群众，维护人民利益的，这可比你那匹精致华丽的锦缎重要多了。你连锦缎都舍不得给不会裁衣的人缝制，却为何要把大官、大邑交给没有经验的人去担当、管理呢？"

子皮点了点头。见此情景，子产又进一步说："再以打猎为例，一个连车马都不会驾、弓箭都不会射的人，能打到猎物吗?或许猎物没打着，自己却翻了车呢! 治国也是如此，总要先有经验了，才能去从政，而不是先从了政再去学习。如果一定要这么做，必定会给国家造成重大损失。"

子皮听了子产这段精彩的论述，不断地点头称是。他说："你说得对!衣服是穿在我自己身上的，所以我知道必须慎重地选择裁缝；大官、大邑直接关系到百姓的利益，我却非常轻视，真是目光短浅。"

说到这里，他向子产深深地鞠了一躬，说："多亏你的提醒。如果你不点醒我，我还不知道自己做了蠢事呢。记得以前我曾经说过，你治理郑国，我只管理我的家产。但是，依照目前的情况来看，从今以后，我连家事都应该按照你的意见去做了。"

子产听了之后，连连摇头，说："人心各不相同，就像人的相貌一样，没有相同的，所以，我怎么敢替代你呢?我只是心里觉得你这样做很危险，所以据实相告罢了。"

　　子皮对子产大为赞赏。他觉得子产对国家非常忠诚，所以就把政事完全委托给他，让他做了郑国的执政官。当上执政官以后，子产在政治上进行了一系列变革，郑国慢慢地又富强起来了。从此以后，人们就将"人心之不同，如其面焉"这句话概括为"人心如面"，并作为成语流传至今。

第二章 言语有度：言谈礼仪

第三章

礼敬有加：家庭礼仪

　　所谓家庭礼仪，是指人们在长期的家庭生活中，因沟通思想、交流信息、联络感情而逐渐形成的行为准则和礼节、仪式的总称。"家和万事兴"，可见"和"是关键，这个"和"用现代的话来解释，就是相互尊重、亲善、谦恭有理的意思。家庭礼仪是维持家庭生存和实现幸福的基础，不仅能促进家庭成员之间的和谐，也有助于社会的安定、国家的发展。

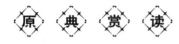

学礼修身立命

原 典 赏 读

【原文】

不学礼，无以立。

——《论语》

【译文】

不学会礼仪礼貌，就难以有立身之处。

礼仪之道

古人非常重视对孩子的教育，让孩子从小就知道学诗和学礼的重要性，让他们打好学习的基础，懂得做人的道理。

我国南宋有一位名叫朱熹的哲学家，由于他的名声很大，后来元朝的朱元璋都差一点认他做了自己的祖宗。他和他的弟子刘清之合编了一本书，书名叫《小学》，这本书后来成为小孩子启蒙教育的教材，古人认为，小孩子只有把《小学》这本书学透了，才能去读四书五经。

在这本书里，对于做人的标准做了非常简单明了的介绍，甚至包括怎样洒水和扫地，什么时候要快走和什么时候要慢走的道理，涉及的范围非常广。

这本书的主要内容就是教小孩子要懂得父子之亲、君臣之义、夫妇之别、长幼之序、朋友之信，强调说如果不明白这些道理，就会把人与人之间的关系弄乱了；另外，还要从行为上和思想上提高自己的修养，不要说不好的话、不要做不好的事。

这本书里面还有一个很重要的内容，就是要让孩子们学习古今的历史，在历史的成败中总结做人的道理。

因为当时处在封建社会，所以这本书也在向孩子们灌输当时的封建思想，但是这本书里面的做人讲气节、重品德、懂节制、要立志等内容，一直到今天也是适用的。

古人教育自己的孩子，先要让他明白做人的道理，然后才会让他去学习读书识字。古人认为，一个人只有首先学会了做人的道理，才算是有了一个好的人生的开始。这个道理，我们直到今天都是赞同的，所以应该引起孩子的爸爸妈妈充分的重视。

当然，今天的孩子想要学到做人的道理并不一定非得要去看这部《小学》，但是无论如何，做一个正直的人，做一个能和别人，更能和家人和睦相处的人才是一个真正有能力的人。在生活中处处可以学到这种学问，爸爸妈妈们一定要对孩子进行这方面的教育。

我们今天的好多爸爸妈妈，都已经知道了要让孩子多读书的道理，所以从孩子小的时候就非常重视教孩子学习。可是，他们教育孩子学习的内容，往往都是学写字，学背唐诗宋词，学美术，学音乐，每天带着孩子左一个学习班、右一个学习班地奔波。相反地，对于孩子的品德教育却没有引起重视，孩子想要什么，就想方设法地给什么，孩子有了错误，也舍不得批评。在古代，重视教育孩子的人并不是这么做的。

家 风 故 事

孔子教子学诗礼

相传大教育家孔子有三千弟子，其中有七十二贤人。《史记》上说："孔子以《诗》《书》《礼》《乐》教弟子。"说明"诗"和"礼"都是他教育学生的重要内容。其实他在家教上也是如此。

孔子十九岁时娶宋人亓官氏之女为妻。一年后，亓官氏为孔子生下一子。孔子当时是管理仓库的委吏，得到鲁昭公的赏识。鲁昭公派人送来一条大鲤鱼，表示祝贺。孔子以国君亲自赐物为莫大的荣幸，因此给自己的儿子取名为鲤，字伯鱼。孔子很注重教育伯鱼，他特别强调伯鱼读《诗经》中的《周南》和《召南》。他对伯鱼说："汝为《周南》《召南》矣乎？人而不为

《周南》《召南》，其犹正墙面而立也？"意思是说："你学习《周南》《召南》了吗？一个人不学习《周南》和《召南》，就好像对着墙壁站立啊！"

面对墙站着，那就什么也看不见，一步也不能走了。为什么孔子把问题说得这么严重呢？原来《周南》和《召南》是《诗经》开头的一些篇章的总称，内容多和修身、齐家有关。孔子认为，人的道德修养就应从这里开始。

孔子还说过"不学礼，无以立"这句话，这比较容易明白。他所说的礼，就是他所处的那个社会人与人之间关系的规范。离开了这些，人在社会上当然就站不住脚了。后代的读书人，把孔子的教育儿子的方法称作"诗礼传家"。

孔子有一个学生叫陈亢，这个人疑心孔子对自己的儿子有特殊的教育内容。有一天，陈亢问孔子的儿子伯鱼："你听到过夫子有什么特殊的教导吗？"

伯鱼说："没有，有一次，父亲一个人在那里，我走过前庭。父亲问我，学《诗》没有？我说没有。父亲说：'不学《诗》，无以言。'我后来就开始学《诗》。又有一次，我走过前庭时，又遇到父亲一个人在那里。父亲问我：'有没有学《礼》？'我说：'没有'。父亲说：'不学《礼》，无以立。'我回来以后就开始学《礼》。我听到过的就是这两点内容。"

于是陈亢说："我问一个问题，得到了三个收获。知道了要学《诗》，要学《礼》，又知道了孔子对自己的儿子并没有什么偏私。"

孔子自己对学生也说过他的教育内容："兴于《诗》，立于《礼》，成于《乐》。"这和他对他儿子说的话是一致的。孔子对于用诗来进行教育特别重视，他认为好的诗歌不但能锻炼人的想象力和创新力，寄托人们的感情，而且通过诗歌的熏陶会使人的灵魂得到升华。

尊礼贵在家和

【原文】

高曾祖，父而身，身而子，子而孙。

——《三字经》

【译文】

高祖父生曾祖父，曾祖父生父亲，父亲生我本身，我生儿子，儿子再生孙子。

礼 仪 之 道

古人讲究"微言大义"。"和为贵"虽只有三个字，却也有"大义"在。"和为贵"之"和"，即"和谐社会"之"和"。因此，咀嚼"和为贵"的深刻含义，应当有助于理解构建和谐社会之于我们每个人的工作与生活的重要性和指导意义。"和为贵"的一层含义是：和谐社会是值得重视的，但是和谐的家庭也不可轻视，和谐家庭，家庭和睦，幸福一家，有利于家庭的生活，孩子的健康成长。

"和为贵"的另一层含义是：和谐社会是宝贵的，来之不易。没有家庭哪有社会，因此和谐家庭至关重要，和谐夫妻，和谐父子或者是父女，和谐母子或者是母女，都是很重要的。夫妻不和，哪有家的安宁，哪有孩子的安心学习和健康成长。和谐父母与子女，父母应和子女有良好的沟通，应尊重子女的兴趣、爱好，给子女一个自由发挥的空间。为人父母都期望自己的子女成龙成凤，不过值得注意的是不要对子女的期望值过高，过高的话，会给子女增加精神压力，过度的压力会把自己的子女压垮。要理性引导子女的健康生活和学习科学知识，为将来的学习目标而努力。要是父母与子女不和谐的话，与子女沟通不畅，或者说有敌意，就不好了，这样就会严重影响孩子的健康发展，甚至会使自己的孩子走上不归路。

一个家庭要想和睦，家庭里的每个人都得学会主动承担错误，即使自己没有错，也要心平气和地去对待，认识自己的不足。而有些人认为事情是别人搞错的，错不在自己，致使家庭成员之间发生矛盾冲突。其实人与人之间总会发生一些或大或小的摩擦，这时候，如果人人都有一颗善良的心，摩擦出的便是爱的火花。

家 风 故 事

李密九世同堂

古时候有一个叫李密的人，在他只有 6 个月大的时候，父亲就去世了，除了祖母和母亲，他没有别的亲人了。

在李密 4 岁的时候，母亲离开了家，嫁到了很远的地方，从此，就只有祖母一个人带着他艰难地生活。

李密祖母的身体很不好，但是为了把李密抚养长大，她每天都拖着有病的身体，上山砍柴，下田耕耘，她最大的希望，就是盼着李密快点长大。

李密从小就体弱多病，到了 9 岁还不会走路。但是李密是个聪明的孩子，读书过目不忘，而且非常体谅祖母的辛苦，对于祖母非常孝顺。长大以后，李密白天劳动，晚上读书，什么活儿也不让祖母做。祖母年纪大了，身体越来越不好，于是李密就愈加周到地服侍祖母，他每天晚上连衣服都不脱就睡在祖母身边，随时准备在祖母需要的时候起来照顾祖母。给祖母喂药、喂饭、喝水，他都先尝尝凉热，温度适口才喂祖母。他的孝心，远近的人们都听说了，都对他交口称赞。

在李密 44 岁的时候，他的祖母已经有 96 岁的高龄。当时的皇帝听说李密才高八斗，又因为孝顺而闻名于世，便下旨召他进京做官。可是，由于祖母年世已高，身体又不好，如果他走了，将无人奉养祖母。于是，他给皇上写了一封《陈情表》，说明了自己的困难，拒绝了皇帝的召见。

他在《陈情表》中说："我如果没有祖母，不可能活到今天，如果祖母没有了我，就没有人侍奉她度过晚年。我们祖孙两个相依为命，感情深厚，我无论如何也没有办法抛开她，到遥远的地方去做官。我为您尽忠的日子还长得很，可是我的祖母已经 96 岁了，我只求您能让我为她养老送终。"

皇帝看了他的《陈情表》，被他的孝心感动，于是同意暂时不让他进京去做官了。李密的孝心不仅感动了世人，更感动了皇帝，他能够放弃自己的前途留在家里照顾祖母，对于当时想靠做官一步登天的人来说，是很难得的。

据说在唐朝，有一个九世同堂的大家族，九代人生活在一起，大家相处得十分融洽。唐高宗李治听说后非常惊奇，便亲自去他家看望他们。果然，一家人其乐融融，做事井然有序，唐高宗不由得连连称赞。要知道，皇帝家里一向都是明争暗斗，钩心斗角，兄弟们都互相残害，争权夺势，一代人都相处不好，哪见过九代人这样和睦相处的呢？

在闲谈的时候，唐高宗向他们家族中辈分最高的长者请教大家庭融洽相处的秘诀，一位名叫张公艺的老人露出了慈祥的笑容，他兴致盎然地挥笔写下了一百个"忍"字。并给唐高宗具体地讲述了百忍的内容，他说："不忍小事变大事，不忍善事终成恨；父子不忍失慈孝，兄弟不忍失爱敬；朋友不忍失义气，夫妇不忍多争竞……"

唐高宗听了，终于明白这九世同堂的秘诀就在于相互之间宽容忍让，相亲相爱。他当场就给张公艺和他的长子封了官职，还下令修了百忍义门，唐高宗李治亲笔写下了"百忍义门"四个大字。

后来，张公艺老人去世了，后人为了纪念这位以"忍"治家的贤德的老者，特意为他修建了一座"百忍堂"。

唐代的张公艺老人能九代人一，生活确实令人称奇，而他们的九代人能够和睦相处，更令我们称奇。所以说，我们也要学习这个和睦的大家庭，家人之间相互的宽容，不要一点小事就没完没了地抱怨，一定要相互谦让，这样才能生活得幸福。

第三章 礼敬有加：家庭礼仪

知礼尊老尚齿

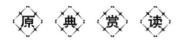

【原文】

老吾老以及人之老，幼吾幼以及人之幼。

——《孟子·梁惠王上》

【译文】

孝敬别的老人应该像孝敬自己家的老人一样。爱别人的孩子就应该像爱自己的孩子一样。

礼仪之道

尊老，是中国传统文化的一大特色，中国古代文献中有大量关于寿命意义和老年价值的论述，更有许多尊老敬老事迹的记载。而在类书文献中，更有专集专部用于老年问题，如唐代的《艺文类聚》、宋代的《太平御览》、清代的《古今图书集成》等，其中都设有老年问题专部。而且，没有哪种文化像中国文化有这样许多有关"老"的名称：六十为"耆"，七十称"耄"，八十叫"耋"，九十称"黄耇"，百岁叫"期颐"。而"期颐"，据专家解释，"期"是"要"，"颐"就是"养"。意思是，人到了百岁，身体衰弱，能力减退，需要后人"尽养之道"。其他如"古稀""花甲"，也都是对老年的一种名称。语言文字中大量丰富的老年指称概念，反映了我们中华文化对"老"的重视。

尊老，应具体化为对老年人的一种孝敬。孝敬自己的父母及家中老人当然是人的本分，关键还必须孝敬天下所有老人。

在古代中国，人们的社会地位主要是由官阶、爵位决定的，这是封建等级社会的必然现象。但由于"尚老"的缘故，年龄注注会成为排列地位序列的一个依据，如果官职爵位相当，则要依年龄大小排尊卑高低，即《礼记·祭义》所说的"同爵则尚齿"。因而，年迈之人相对于年轻之人自然在各方面就都有了一种特权和尊贵，在社会生活中，也就形成了一系列年轻之人对年迈之人、年长之人的礼节规矩。其中有许多礼节表现了尊老传统中优秀的一面，体现着社会对老人的照顾、关怀、感恩、礼让。这种敬老文明是任何社会都应继承并遵循的。

前面所讲的"养老之礼"，可说是君主、朝廷，或者说是国家对老人礼敬的一种仪式表达。除此之外，敬老之礼作为人的行为规范，深入到了乡礼、射礼、冠礼、婚礼及日常起居等社会生活的各个方面。限于篇幅，在此以"乡饮酒礼"为例。

"乡饮酒礼"，是一种社会基层乡间闾巷举行宴饮的礼仪。在古代，各乡里逢大事便要举行"乡饮酒礼"。诸如乡大夫向乡民宣讲国家法令、实行人口考察、奖赏贤能，等等，届时都行此礼。这种活动可融洽乡党亲族之情，也可明"尊卑长幼之序"，推行尊老教育。因此，举行礼仪时都很隆重。《礼记》中专有一篇"乡饮酒礼"，对这种活动的场面、规矩做了详尽的描述。

乡饮酒礼中，60岁以上的人才可坐着，50岁的人都站着侍奉，听候差遣，这表示尊重长辈。面前设肴馔，60岁的三豆、70岁的四豆、80岁的五豆、90岁的六豆。"豆"是古代的放食物的器具，年纪越大，"豆"越多。这是为了表明养老尊老，食物贡奉得多，不是专为了多吃多喝，而是为了表明礼遇。此外，乡饮酒礼仪活动中，一般人是不能随意离去的。"乡人饮酒，杖者出，斯出矣。"（《论语·乡党》）"杖者"，指老人。如前所述，只有老人才有资格得到自朝廷到乡里颁发的杖，所以，"杖者"成为老人的一种尊称。

在上述较正式的礼仪活动中对老者是十分尊敬的，而在日常生活中，对老人的礼节规定也非常具体。任何时候，只要坐在一块的人在五人以上，就必须给老人另设一座席。"群居五人，则长者必异席"（《礼记·曲礼上》），以示对长者的优待。

同长者、老者一同行路，晚辈不可与之并肩而行，只能跟随在后面，时间（年龄）在后，空间（位置）亦在后。若在路上碰到老者，无论是乘车还

第三章 礼敬有加：家庭礼仪

礼

倡导文明树新风

058

是步行，都应避到一旁，待老者先过去，即使你根本不认识这位老者，也必须这样做。如若跟随其一起走，就不可抢越长者而与他人说话，这显得没礼貌。如果是在路上碰见相识的长者，就应"趋而进"，快步上前，"正立拱手"，与老人施礼。长者与你交谈你就谈，不与你谈则应快步退开。在谈话或相见时，"长者与之提携，则两手捧长者之手"（《礼记·曲礼上》）。长者同后辈握手，晚辈应用双手捧握才对。另一条礼节是"不请所之"（《礼记·少仪》），即路遇长辈尊者，对方不说，不便问长者到哪里去。"父之齿随行，……轻任并，重任分，斑白不提挈"（《礼记·王制》）。"父之齿"，指父亲的朋友，也指同父亲一样年纪的人，在此泛指老人。这段话表达的礼节是说，同父辈一起走，年少者应把年老者的担子挑起来，如果东西很重，则与老人分担。头发花白的老人是不应该负重物走路的。

古人认为，如果在行走时也注意对长者老者的礼节，则"悌达乎道路也"。

除却走路，同长者交谈，起坐都有各自礼节。如"尊长于己逾等，不敢问其年"（《礼记·少仪》），即尊长辈分若比自己高，就不能问尊长的年龄。长者若向少者提问，少者必谦辞后再回答，可以陈述自己的见解，但用词必须恭敬谦和。对长者可称自己名字，但谈及长者事时，就不能随便称呼其名，要避讳尊长姓名；回答长者问题，要专心，不要东张西望，"问起对，视勿移"（《弟子规》）。长者谈话中没有提及的事，少幼之辈就不要插嘴乱说。长者要少幼做什么，赶紧去做勿迟延。长者赐给少幼晚辈的东西，恭敬接受，不可辞拒。在长者面前坐，要端正，切不可跷脚摇足，衣服不整，即"毋蹴尔足，勿乱尔衣"（见《养蒙便读·事长》）。此外，"长者立，幼勿坐。长者坐，命乃坐"（《弟子规》）。在《弟子规》中，甚至连同长者、老者说话时的语调声音都有所要求，"侍于亲长，声容易肃，勿因琐事，大声呼叱"（《养蒙便读·言语》），尊长前，说话声音要低，但"低不闻，却非宜"（《弟子规》），低到听不清，就不合宜了。

总之，上到君王国家，下达庶民百姓，都遵循一定的礼节规定，从而用各种形式表达对长者老者的孝敬之意。

敬老礼规是用形式表达对老年人的尊重，通过这些礼仪礼规的实施，使天下之老有所归依，同时通过敬老之礼教，使百姓万民尊长敬老有礼有德。

我们应客观认识敬老文化的作用，把它当作中华文化优良传统来分析继承，以增进老年人的幸福和天伦之乐，增进社会和谐。

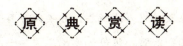

伯禽趋跪周公

周朝初年时，周公有个儿子，名叫伯禽，跟周公的弟弟康叔去见周公三次，就被父亲痛打了三次，伯禽就去问商子这是为什么。商子说："南山的阳面有一种树，叫作乔木；北山的阴面有一种树，叫作梓木，你怎么不去看一看呢？"伯禽听了商子的话，就去看了，只见乔木生得很高，树是仰着的；梓木长得很低，是俯着的，就回来告诉商子。商子就对伯禽说："乔木仰起，就是做父亲的道理，梓木俯着，就是做儿子的道理。"到了第二天，伯禽去见周公，一进门就很快地走上前去，一登堂就跪下去，周公称赞他受了君子的教训。

懂礼孝敬父母

原　典　赏　读

【原文】

父命呼，"唯"而不"诺"，手执业则投之，食在口则吐之，走而不趋。亲老，出不易方，复不过时。亲癠，色容不盛，此孝子之疏节也。父没而不能读父之书，手泽存焉尔；母没而杯圈不能饮焉，口泽之气存焉尔。

——《礼记》

【译文】

父亲呼喊儿子的时候，儿子要答应"唯"而不可答应"诺"，因为"唯"敬于"诺"，手中拿有东西要赶快放下，嘴里含有食物要立即吐出，要跑着前往而不可稍有磨蹭。双亲年老了，做儿子的出门不可随意改变去处，说什么时候回来就要按时回来，以免双亲挂念。如果双亲病了，或者气色不好，这就是做儿子的有疏忽之处了。父亲去世以后，做儿子的不忍翻阅父亲读过的书，那是因为上面有他手汗沾润的痕迹。母亲去世以后，做儿子的不忍心使用母亲用过的杯盘，那是因为上面有她口液沾润的痕迹。

礼 仪 之 道

孝敬父母是中华民族的传统美德，三千多年前的甲骨文中就已经出现了"孝"字，写作孩子扶持老人之形，描绘的正是人类的自然亲情。

孝敬父母，不需要什么高深的理论和动人的言辞，日常生活中的一言一行最为重要，要从无微不至的照料开始。《礼记》说："冬温而夏清，昏定而晨省。"老人一般身体较弱，冬日畏寒，夏日怕热，所以冬天要尽量让他们感到温暖，夏天则要让他们觉得凉爽。此外，考虑到老人腿脚不便，晚上要为他们铺好床被，早晨要向他们问候安好。如果在老人面前，就不要跟同辈争吵，以免他们担心难过。家中如有美味珍肴、时令果蔬，首先要让父母亲品尝。

做子女的，每天天一亮就应该起床，打扫室内和庭院的卫生，然后洗漱、穿戴整齐，到父母的房门前，要和声细气地询问父母晚上休息得好不好。如果休息得不好，应该询问原因，并及时想办法解决。如果父母身上有痛痒之处，应该主动帮助抓搔，让他们感到舒服。父母如要出门，子女应该跟随前后，或者亲热地拉着手，或者恭敬地扶着胳膊，小心照料。父母要盥洗，子女应该端脸盆，盥洗完毕，要递上毛巾，问他们想吃什么早点，然后恭恭敬敬地端上，和颜悦色地侍候。要等父母吃完之后再退下。这些事情看似细小，却是爱心最生动的表现。

《论语》说，伺候父母亲，让他衣着无忧并不难，难的是和颜悦色。老人往往手脚不便，说话啰唆，天长日久，子女可能会生厌烦之心，就会在表情上有所显示，脸色自然就不会好看。所以孔子说"色难"，认为这是最难做到的。

《礼记》说："孝子之有深爱者，必有和气；有和气者，必有愉色；有愉色者，必有婉容。"意思是说，子女如果是深深地敬爱父母的，心中必然会有一团和气；心中有和气，脸上就必然有愉悦的神色；有了愉悦之色，就必然会有婉顺的容貌。

孝敬父母，还应该处处考虑他们的心情。《礼记》说："夫为人子者，出必告，返必面，所游必有常，所习必有业。恒言不称老。"意思是说，做子女的如果有事外出，一定要把自己的去向告诉父母；办完事回到家，也必须面告父母，让他们知道自己已经回来，以免牵挂。而且，出游一定要有个常去的地方，学习也要有个固定的方向，这些都是为了减少父母不必要的担心。平常在父母面前讲话，不要自称年老，因为怕他们由此想到自己年老体衰。

人非圣贤，孰能无过？如果父母有过错，做子女的应该和颜悦色地指出来，请他们考虑自己的意见。如果父母正在气头上，不听劝告，就暂时停止，以免激化情绪，等以后父母心情好的时候再提出来，直到他们采纳为止。

在曾子看来，孝分为三个层次，生活上照顾父母仅是最低的层次，较高层次的孝应该是不要因为自己的错误而使父母蒙羞，而对父母能够一生保持尊敬之心则是孝道的最高境界。所谓终生孝敬父母，并不单单指父母在世之时，而是终子女的一生。所以，即便在父母去世之后，子女依然爱父母所爱，敬父母之所敬，按时祭祀，并努力使父母的名声不因自己的所作所为蒙受耻辱。《祭义》中所说的"君子生则敬养，死则敬享，思终身弗辱也"，表达的正是这个意思。

孝道虽然针对父母而发，但又不仅仅限于家庭之内，它注注与社会提倡的其他重要品德密切相关。《礼记》引曾子的话说："居处不庄，非孝也；事君不忠，非孝也；莅官不敬，非孝也；朋友不信，非孝也；战阵无勇，非孝也。"在曾子看来，一个人生活起居不正经、不庄重，就是不孝；侍奉君主不忠诚，就是不孝；居官不敬业、不认真，就是不孝；跟朋友不讲信用，就是不孝；在战场上不勇敢，就是不孝。之所以如此，就是因为庄、忠、敬、信、勇这五种品质是人类社会的基本道德信条，触犯这些信条，不仅会使人厌恶、鄙视，而且还可能辱及双亲，甚至会给家人带来灾难。所以一个懂得孝敬父母的君子，必然知道何为仁慈，何为正义，能够一心为善，造福社会。古人说"求忠臣必于孝子之门"，遵循的正是这样的认识方法。

孝敬老人是我们中华民族的传统美德，过去有句古话说：人生在世，孝字当先。有的地方也这么说：作为人子，孝道当先。

老年人曾经是社会的中坚力量，即便如今年老了，他们依然在凭借着自己丰富的阅历、经验以及尚存的体力为社会、为后辈做着贡献，大到为国家、社会的各项科学、文化、政治事业的发展献计献策、培养新生力量，小到为家庭洗衣、做饭、照顾晚辈……

老年人就像是一片亮丽的晚霞，在黑暗来临前依然照耀着地上的人们，灿烂、温暖、安详而静谧。年轻时，他们的怀抱养育了后代；年老时，他们的怀抱依然是后辈们最安全的避风港。作为晚辈，还有什么理由不尊重他们、不给予他们最高的礼遇呢？

诚然，如古书上所说的卧冰求鲤、尝粪忧心、刻木事亲、为母埋儿、恣蚊饱血，不免太过夸张，到如今也已不合时宜，但其中所包含的孝敬父母的思想，的确是值得我们传承的。

孝敬、尊重老人绝不是要求年轻人为他们做出什么轰轰烈烈的大事情，而是要让年轻人从身边的点滴小事着眼、入手，给予老人们最贴心、最温暖的关怀，哪怕是一句亲切的问候、一杯暖暖的香茶、一次温暖的搀扶、一个灿烂的微笑、一双及时伸出的帮助的手……

孝敬老人不单纯是要孝敬自己的父母，而是应该扩展到我们身边所遇到的所有年长的人们。"老吾老以及人之老"便是这种思想的体现，科学技术、文化思想发达至此，我们的觉悟怎能落后于古人！

事实证明，社会越发展，社会的文明程度越高，尊老、敬老的风气也就越浓。这是社会主义精神文明的一个显著标志。

朋友们，相信尊老、敬老也一定是我们共同的美好愿望，那就让我们一同努力，为这个美好的世界再增添些亮丽的色彩吧。

信陵君敬老

信陵君是战国时期的四大公子之一，魏国国君的弟弟。虽然他的势力很大，有门客上千人，但是信陵君却是个敬老爱贤的人。有一次，他听说有一个看城门的老人侯嬴很有贤德，就十分郑重地前去请教。他亲自驾车把车上尊贵的位子空出来留给侯嬴。侯嬴也知道信陵君的名声，要看看他敬老爱贤是不是真的，所以信陵君去接他的时候，他故意装出傲慢的样子，但越是这样，信陵君对他越加恭敬。侯嬴见状，知道信陵君是真心的敬老，于是痛快地做了他的门客。

杜环代人养母

杜环是明朝的一名官员，他父亲有一位朋友去世了，剩下母亲无人照顾，而这位母亲的小儿子也不知下落。这位母亲去找自己的亲戚，结果谁也不愿照顾她。万般无奈，这位母亲只好到处寻找自己的儿子。杜环得知此事，决定先赡养这位老妇人，并代老妇人寻找她儿子的下落。后来，这位母亲的小儿子虽然找到了，但他匆匆见了母亲一面，就找借口离开，再也没有露面。杜环则一直赡养着老妇人，对她很孝敬，就像对自己的母亲一样。

063

第三章 礼敬有加：家庭礼仪

有孝不只在养

【原文】

子游问孝，子曰：今之孝者，是谓能养也。至于犬马，皆能有养活。不敬，何以别乎？

——《论语·为政》

【译文】

子游问什么是孝，孔子回答他说："现在很多人以为能养活父母就算孝了，这真是一种错误的想法。孝道不是像饲养只狗或养匹马那样简单，认为给它点吃的喝的就可以了。如果这样的话，那么我们和其他动物还有什么区别呢？"

礼仪之道

尊敬父母，孝敬父母，赡养父母，这是中华民族的传统美德。从上古的舜，到孔门的曾参、子路、子骞，再到汉朝的"以孝治天下"，再到今天，孝敬父母的各种故事在人间传为美谈。

尊老爱幼，主要是指尊敬、赡养父母和爱护、养育子女。我国自古以来就倡导"老有所终，幼有所养"，代代相传，形成了尊老爱幼的美好家庭传统道德。现在，尊敬、赡养老年父母，既是社会道德的要求，也是国家法律的规定。谁不尊敬、不赡养父母，甚至虐待、遗弃丧失劳动能力的父母，谁就会被世人唾骂，不仅公理不容，还会受到法律的制裁。同样，爱护和养育幼年子女，也是为人父母者必须承担的道德职责和法律义务。孩子呱呱坠地来到人间，家庭就成了孩子生活的第一空间，父母就成了孩子成长的第一位老师，爱护和养育子女便成了家庭生活的一项重要内容和塑造下一代的首要环节。

尊老爱幼的核心是仁爱。在孔子的理念中，"仁"是最高境界，因此他很少用"仁"字来赞许某一个人。仁就是爱人，仁者具有一颗博爱之心。树立爱心，要从爱自己的父母双亲开始。父母是我们的生命之源，哺育了我们的成长，是无私地给予我们最多爱心的亲人。爱父母最自然，也最容易做到。当我们成家立业之后，父母开始衰老，甚至生活上难以自理，这时，最需要儿女的照料。这是儿女对于父母养育之恩的回报，是天经地义的责任。只有先爱自己的父母，才可能将爱心推及他人。它不仅是一种家庭美德，而且也是一种社会美德。通过每家每户的尊老爱幼，推而广之，我们要尊敬一切老人，爱护一切儿童，让老人处处受到尊重，让儿童在爱的环境中健康成长。

尊老的基本要求是赡养。赡养老年父母，是子女必须承担的法定义务，也是家庭美德的起码要求。应该说，在赡养老年父母的问题上，没有谁可以例外。儿女尊敬和赡养父母，包括物质和精神两个方面。在物质方面，主要包括饮食、衣服、住所等方面的供给和日常生活、伤残、疾病等方面的照料。特别是当父母生病时，子女要悉心护理。如果父母卧病在床，被褥污染，子女要为其勤换勤洗，不应产生厌恶之心。即使雇了保姆或护工，子女也不能袖手旁观，而应尽量亲自照顾，以尽孝心。当前，有极少数家庭，子孙锦衣玉食，老人无人赡养，有的还把繁重的家务加到老人身上，使垂暮老人或洗衣做饭于室，或提篮奔走于市，这都是极不道德的。

尊敬老年父母还有一个精神赡养的问题，即在老年父母的物质生活得到保障并不断提高水平的前提下，在精神上给予他们更多的关心和体贴，使他们尽享天伦之乐。当然，老年父母由于各自的文化程度、价值观念、生活经历、兴趣爱好不同，精神需求也会相异。作为子女，要多多了解父母的习惯，适应父母的需求，尊重父母的意见，顺应父母的脾气，注重同父母沟通感情。特别是当父母遇到丧偶的痛苦时，子女更需要给以精神上的安慰与感情上的支持。要经常体察父母的情绪，通过探望、问候、谈心、交流，使父母心情愉快，精神爽朗，健康长寿。

那些认为只要让父母吃饱穿暖，衣食无忧，就是尽了孝道的人都不是真正的孝顺。曾子说，把肉烧得香喷喷的，尝一尝进献给父母，这算不上是

第三章　礼敬有加：家庭礼仪

孝，而只能算是供养；君子所说的孝，是要让人称道说："多有福气啊，有这么个孝顺孩子！"

家风故事

彩衣娱双亲

历史上，有一位著名的孝子，由于他的生平现在已得不到确切的考证，我们只知道他是一位隐士，大概生活在春秋时期。传说在他七十多岁的时候，有一次，他特意穿了一件彩色的衣服，以逗父母开心，因此今人称其为老莱子。

老莱子供养双亲十分殷勤，非常孝顺，他自己也已经是古稀之年，但为了不让父母觉得他们年迈，在父母的面前，他从来都不会说自己也已经是老人了。

有一次，他给父母送饭，一不小心跌了一跤，他害怕父母看出来他也已经腿脚不灵便了，害怕父母为自己担心，就故意坐在地上装成婴儿一样地啼哭起来，边哭边甩手，那样的动作像是在撒娇，他的父母不禁相视一笑，开心地说："这孩子怎么老也长不大啊！跟个小孩子一样，摔了还哭，赶快起来。"

还有一次，为了庆祝父亲的生日，他想了好久，怎么样才能让父亲高兴呢？苦想几天后，他想到了一个办法，他特意换上一件色彩斑斓的衣服，这件衣服穿在一位七十多岁的老人身上的确有些奇怪，但是他却觉得很漂亮，并且在父母面前蹦蹦跳跳，好像小孩子一样，看到他一副可笑的样子，父母被逗得合不拢嘴。

老莱子就是这样不仅在物质上奉养父母，还常常想办法逗父母开心，他们家里也常常是一派其乐融融的景象。

在我们现代的人看来，会觉得老莱子的行为有点不可思议，但如果我们能深思老莱子行为的背后，就会发现老莱子才是真的领悟了孝的精髓。而这点，是我们每个人都应该学习的，我们不用学习他逗父母所用的办法，只要我们能让父母因为我们而感到开心，就是值得称道的。

父要慈子要孝

【原文】

父慈子孝，兄友弟恭，纵做到极处，俱是合当如此，着不得一丝感激的念头。

——《菜根谭》

【译文】

父母对子女们慈爱，子女们对父母孝顺，兄长对弟妹们友爱，弟妹们对兄长敬重，即使是用了全部爱心做到了最完美的境界，也都是理所当然，不能够存有一丝感激的念头。

礼仪之道

父慈子孝，应该是代代相传、相互转换的伦理关系。只有父慈，子才能孝，有了子孝，父会更慈。慈，是因为爱儿女；孝，是因为爱父母。归根结底，彼此的爱是尊老爱幼、父慈子孝的道德源泉。

由于传统的孝道文化是建立在自给自足的自然经济基础之上的，是在宗法社会中形成和发展起来的，特别是自汉代以后，当权者提出"以孝治天下"，孝的外延大大地扩展，孝和政治紧密结合，孝被当成了统治工具。于是，孝文化中灌注了大量统治阶级的意识，如提出"君为臣纲""父为子纲""君要臣死，臣不得不死""父要子亡，子不得不亡""天下无不是的父母"等愚忠愚孝观念。因此，在弘扬传统孝道文化的时候，必须弃其糟粕。

"孝"是中华民族的传统美德，有着深厚的文化基础。但是，长期以来，不少人淡忘或者抛弃了孝敬父母的美德。如今，一些人把孝说成是封建的东西，完全加以排斥和否定。有的人虽有孝心，却不知道如何尽孝。有的人在金钱和私利的驱使下，不但不孝敬父母，不赡养父母，还虐待父母，有的甚至杀害父母。当前，我国的一些地区已经进入老龄社会，重提孝道更有其迫切性和必要性。所以，我们必须继承、倡导孝敬父母的传统美德，并使其发扬光大。《诗经·大雅》云："无念尔祖，聿修厥德。"意思是说，不要忘记你的祖宗和父母，这是人生最需要修养的道德。

"孝"字是个象形字，土字加一撇表示老人的花白须发，儿子在旁扶着年迈的父亲，这就是孝字的本义。《说文解字》中说，孝就是"善事父母者"。

对年老的父母要有爱心，要尊敬他们。敬和爱是联系在一起的，要尊敬父母，首先是要爱父母，要有发自内心的真诚的爱。父母年轻时，含辛茹苦地把儿女抚养成人，到年老了，身体衰弱了，往往不求多大的物质享受，只求儿女们有一颗孝敬的心，能够愉快地安度晚年。作为儿女，不能认为父母对自己所做的一切都是应该的，更不能认为老年父母是自己的累赘和负担。对待父母，时时都要和颜悦色，不能以生硬的方式说话，更不能大声训斥，要使他们保持精神上的愉快，满足他们精神上的需求。尊敬父母是孝的首要内容，不敬在古代也被视为不孝。孔子曾经说过："今之孝者，是谓能养，至于犬马皆能有养，不敬，何以别乎？"意思是说，侍奉父母，只管养活，不知尊敬，何以区别对待家中的犬马？所以，《百孝图说》提倡爱亲、敬亲和悦亲，是完全正确的，是应该努力奉行的。

人各有长短。在敬爱父母的前提下，对父母的不义或不法行为，做子女的要加以说服劝告，不能迁就、顺从或支持。孔子主张子女要顺从父母，但不是绝对的服从。"父有争子，则身不陷于不义。""故当不义，则争之，从父之命，焉得为孝乎？"在现代社会，父母与子女在人格上是平等的，父母有不对或错误之处，子女可以提出来。如果父母做了不道德的事情、与常理相悖的事情、违法的事情，子女一定要进行劝谏，使其改正。否则，无原则的顺从会陷父母于不义甚至犯罪的境地，这也就是不孝了。

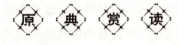

家风故事

李世民谏父

李世民年轻的时候，随着父亲李渊到处平定天下。有一次父亲有一个决定：连夜拔营攻打另外一个地方。儿子李世民就跟父亲说："这样做我们可能没有办法成功，因为恐怕会中埋伏，前面不但不能取得胜利，后面又被围剿，反而不利我军。"这样劝了三次，他的父亲仍不采纳他的建议。

眼见明天父亲就要带领整个军队拔营了，这个时候，李世民就在帐篷外面号啕大哭。他为什么很伤心呢？因为他知道父亲的这个决定是错误的，从整个局势来看，李世民已经看出这种做法相当的危险。他的父亲李渊在帐篷里头，突然听到外面有很大的哭声，而且哭得非常伤心，就走出去看看，才看见是他的儿子在那里哭泣，于是他就问是什么原因。李世民说："希望能阻止父亲的这一次军事行动，但是父亲不能采纳，我非常伤心，非常难过，就在这里哭泣。"李世民这个时候就做最后一次劝解。父亲看到儿子这么伤心，分析的道理又这么中肯，就及时停止这次军事行动。后来唐高祖李渊跟他的儿子唐太宗李世民，终于平定各地，奠定了唐朝的基业。

继承父母遗志

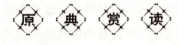

原典赏读

【原文】

父母虽没，将为善，思贻父母令名，必果；将为不善，思贻父母羞辱，必不果。

——《礼记》

第三章 礼敬有加：家庭礼仪

礼

倡导文明树新风

070

【译文】

父母虽然去世了，儿子将做好事，想到这会给父母带来美名，就一定果敢地去做；如果是将做坏事，想到这会使父母跟着丢人，那就一定收手不敢去做。

礼 仪 之 道

子女要继承父辈的遗志，完成先辈未竟的利国利民的事业。子承父志，是中华民族的文化传统，也是儒家提倡孝的内容之一，"三年无改于父之道，可谓孝也"。陆游的《示儿》表明，陆游希望他的后人一定要实现国家的统一，"王师北定中原日，家祭勿忘告乃翁"——当朝廷的军队驱逐了侵略者收复了中原大地，你们举行家祭的时候不要忘记把这个好消息告诉你的老父亲。这种充满高度爱国热情的忠告，是完全应该继承的。

子女要成家立业，为家庭、为社会做出自己的贡献。《孝经》认为："立身行道，扬名于后世，孝之终也。"所谓立身者，就是要成就一番事业。儿女在事业上有了成就，父母自然会感到高兴，感到光荣，感到自豪。为国家、为民族建功立业的人，会给父母带来荣耀，这也是对父母最大的孝。如果相反，走入邪途，身陷囹圄，不顾父母之养，给父母精神上带来沉重的负担和耻辱，则视为不孝。古人说的人生"三不朽"，即"立德、立功、立言"，也应该成为我们当代人的一种追求，这也应该是对父母奉行的孝道。

家 风 故 事

孙坚子承父业

孙坚是我国三国时期的政治家，他足智多谋，运筹帷幄，曾平叛乱，灭黄巾，讨董卓，是个典型的荡寇英雄，就连曹操都羡慕和佩服他的智慧。在教育子女的问题上也一样，孙坚也是被各方英雄都一致称赞的好父亲，他总结出一套"承志教育"的方法，教育效果十分明显。

作为一个父亲，孙坚对儿子，尤其是孙策、孙权影响重大。突出表现为教育他们果敢坚毅，用人不疑。孙策在父亲的影响下，变得果敢勇猛、任贤用能，在战场上横扫千军，因而有了"江东小霸王"的美誉，他在政见上颇有远见。这曾令袁术羡慕不已，叹息道："使术有子如孙郎，死复何恨？"

孙策早逝后，孙权延续父兄的政治谋略，唯才是举，胆略超群，一面坚守父兄的江东，一面又积极四处征讨，使东吴能在当时的乱局中雄霸一方。其能力丝毫不逊色于其兄，难怪连曹操这样的枭雄都感慨"生子当如孙仲谋"。

孙坚另外的几个孩子也都很有能力，他的一个女儿也像兄弟们一样，后来嫁给了刘备，在一定程度上促进了孙刘联盟的合作。

孙坚对孩子的教育之道突出表现在两个方面：一是给孩子一个远大的梦想，让孩子从小就学会设定目标，并为之奋斗不懈；二是团结一致，共同努力，培养团队精神。

在父亲的影响下，孙策与孙权不仅能力突出，而且兄弟和睦，亲密无间，所以他把大权传给了孙权。孙策临死前对孙权说："举江东之众，决机于两阵之间，与天下争衡，卿不如我；举贤任能，使之各尽其心，以保江东，我不如卿。"并要求他"内事不决问张昭，外事不决问周瑜"。后来，孙权完全依照了孙策的遗言，确保了东吴的平安。

学会关心长辈

原 典 赏 读

【原文】

年长以倍，则父事之；十年以长，则兄事之；五年以长，则肩随之。群居五人，则长者必异席。

——《礼记》

【译文】

比自己年长一倍的，就当父母看待；年长十来岁的，就当兄

第三章 礼敬有加：家庭礼仪

长看待；年长四五岁的，就可并行平坐而稍分先后。有五人以上在一起，其中年岁大的就必须另坐一席或另坐一方。

礼 仪 之 道

关心父母、长辈不仅需要从内心出发，还要从身边的一点一滴做起。

首先，要主动关心和问候。在家里，子女要对长辈勤问候、主动问候，表达对长辈的尊重、关心和体贴。早上要向长辈问好，晚上要向长辈问安，长辈外出也要问候。父母工作劳累之余，如果能得到一个子女充满爱心、关怀的问候，那么，父母的疲惫、烦恼，甚至病痛，都会在子女像春风一般的亲情关怀中消失。当长辈生病的时候，在端药送水的同时，应加以劝慰、问候。过新年、过春节，或每逢母亲节、父亲节时应向长辈问候祝福。平时走进父母房间前要先敲门，经允许后进入；不得随意翻动父母的私人物品；外出或回到家要打招呼；出门必敬告去向，回家必面见父母；父母召唤，应立即答应，并趋前承命。

其次，要关心父母的健康。当父母劳累时，子女应主动帮助并请父母休息一下；当父母外出时，子女应提醒父母是否遗忘东西或注意天气变化；当父母有病时，应主动照护，煎药、喂药、问寒问暖，多说宽慰话并陪同就医。

父母生病、住院，就会打破过去长期形成的正常家庭生活秩序，会让子女感到心慌意乱、手足无措，不知父母的病严重到什么程度而为父母担心，这时候，子女应当承担起更多的责任，让家庭得以正常运转。从来不做家务活的子女要亲自动手，有时还会影响睡眠，妨碍读书学习，如果不能合理地安排处理，时间长了会产生厌烦情绪，一旦流露出来肯定会伤害父母。此时此刻，做子女的要十分理解父母的心情，给父母更多的体贴和关心。

长辈生病后都有求助心理，特别渴望子女亲人能为自己提供种种方便，从心理上得到安慰和满足。但长辈得到子女的照顾、体贴后，看到子女被自己所拖累，内心深处又会感到不安和痛苦，存有矛盾心理。因此子女就要更加主动关心、体贴父母的病痛，在讲话的态度、语调、方式上均要比平时更为亲切和蔼，尽可能在精神上消除父母的痛苦和不安。子女要承担力所能及的家务劳动，合理安排好学习、娱乐等各项活动，始终保持良好的心理状态。

当父母因病痛而情绪不佳时，要格外小心谨慎，切不要为了父母某些不恰当的话或举动就与他们争执，要理解病人的烦躁心情，要学会忍让。当父母需要长期照顾时，更需要时时处处表现出耐心，用行动消除父母的顾虑。

再次，要参与家务劳动。父母养育了子女，子女应为父母多做点事。这是每个子女都应该做到的。有些子女懒得铺床叠被，懒得洗袜子、洗内衣，懒得收拾桌子，甚至于懒得洗脸、洗脚，连喝水也懒得自己倒，这是不对的。子女应承担需要完成的家务劳动，包括吃饭时摆筷子、餐后洗碗、扫地，整理自己的房间，打扫家里的卫生，替父母接待客人，因为子女也是家庭的一分子，所以家庭中的事情也是子女的事情，要主动做家务。不仅强调"自己的事情自己干"，还要强调"家里的事情主动干"。

最后，要牢记父母的生日。生日，对每个人来说都是值得纪念的日子。生日时总要以某种形式庆贺一下这个日子。做儿女的不记得父母的生日，不一定就是没有孝心，而大多是因为太粗心。要知道记住父母生日并以某种形式表达孝心，对于老人来说非常的重要。父母生儿育女，操劳一世，对生活没有太多要求，最大愿望就是能得到情感上的安慰，得到儿女的体贴与关怀。孝敬父母并不只是体现在给老人钱或请老人吃顿饭，而是应给予老人一种细腻的情感，一种无微不至的关爱，就像父母呵护年幼的子女一样。孝敬长辈给父母祝寿要有点礼物、有些问候和祝福。养育之恩自然是无法回报的，"谁言寸草心，报得三春晖"。子女应该把父母牢牢记在心里。在父母生日之际，儿女即使在遥远的地方，一个电话，一封书信，一声问候，对父母来说也会是无比的欣慰。

在长辈面前忌妄自尊大，应谦虚有礼。在长辈发生诉讼纠纷，特别是和父母亲或祖父母、外祖父母这些辈分上的至亲发生诉讼纠纷时，要依法陈诉或辩驳，切忌谩骂、嘲讽，失去对长辈应有的礼节。父辈与祖辈之间发生的矛盾，孙辈忌以亲疏失礼，不要助父骂祖，也不要助祖谤父，要严守理与礼的立场。

与长辈发生争论，应该先设法使老人平了气，然后心平气和地商谈。对相处亲近的长辈生日、结婚纪念日或他自己十分重视的特殊纪念日，要

第三章 礼敬有加：家庭礼仪

祝贺。

对于长辈正当的恋爱、婚姻，晚辈不宜不礼貌地干涉或反对。面对长者的称谓：用表示尊敬的人称代词"您"；称辈分名，如爸爸、姥爷、老师、伯伯之类；忌直呼其名，或"你"来"你"去的。对长辈行礼的礼式，一般可以鞠躬或口头祝福，不宜行握手礼，更不宜先伸手去握。

老人年岁大了，走动不便，我们对他们要给予特殊的照顾：给他们盛饭夹菜，睡觉时为他们铺床盖被；在他们走动时予以搀扶；有空时陪他们说话解闷……如果老人病了，更要给予精心照料，主动为其煎药、喂药，问寒问暖。

俗话说"树老根多，人老话多"。老人上了年纪，说话比较啰嗦，有些事情翻来覆去要说好几遍。对这种必然的生理现象应该充分理解，而不该表示厌烦，不应粗暴地打断老人的絮语。当老人家唠叨时，对于正确的话，我们要听；就算错了，也等他们说完以后再做解释。如果只是一个劲地嫌老人啰嗦，对他们的话不理不睬，甚至粗暴地顶撞，那就必然会令他们伤心。就算我们内心还是孝敬老人的，就算平日里我们也曾用心照顾他们，但只要有过一次粗暴无礼的行为，长辈受伤的心就不易康复。这一点要切记。

家 风 故 事

韩伯俞孝母

汉代梁州有一个孝子叫韩伯俞，生性孝顺，能先意承志，所以深得母亲欢心。只是母亲对他十分严厉，尽管对他非常疼爱，但是偶尔也会因他做错事而发火，用手杖打他。每当这时，他就会低头躬身地等着挨打，不加分辩也不哭。直等母亲打完了，气也渐渐消了，他才和颜悦色地低声向母亲谢罪，母亲也就转怒为喜了。到了后来，母亲又因故生气，举杖打他，但是由于年高体弱，打在身上一点也不重。伯俞忽然哭了起来，母亲感到十分奇怪，问他："以前打你时，你总是不言声，也未曾哭泣。现在怎么这样难受，难道是因为我打得太疼吗？"伯俞忙说："不是不是，以前挨打时，虽然感到很疼，但是因为知道您身体康健，我心中庆幸以后母亲疼爱我的日子还很长，可以常承欢膝下。今天母亲打我，一点也不觉得疼，足见母亲已精力衰迈，所以心里悲哀，才情不自禁地哭泣。"韩母听了将手杖扔在地上，长叹一声，无话可说。

　　这是孝子的挚诚，实在令人感动。反思我们现在对父母的态度，我们当心生惭愧，因为父母为了儿女的成长而奉献了他们的青春，因而他们也日渐衰老，日渐消瘦。当父母去世之后，我们作为儿女，虽然不一定像古人那样在父母的墓旁守孝三年，但是我们要在内心常常追思、感怀父母养育的恩德，一生一世都不能忘怀。

能够体谅父母

【原文】

亲爱，我孝何难；亲憎，我孝方贤。

——《弟子规》

【译文】

　　当父母喜爱我们的时候，孝顺是很容易的事；当父母不喜欢我们，或者管教过于严厉的时候，我们一样孝顺，而且还能够自己反省检点，体会父母的心意，努力改过并且做得更好，这种孝顺行为是最难能可贵的。

礼仪之道

　　孝和顺总是相联系的，没有顺也就没有孝。孝敬长辈，就应该听从长辈的正确教诲，不应随便顶撞，有不同想法可以和父母商量，应讲道理。

　　要分担父母的忧虑。孝心是一种前进的动力。真孝敬长辈，就应该严格

要求自己，体谅长辈的艰辛，尽可能少让长辈为晚辈操心，不给父母添麻烦，并为父母排忧解难。在父母生病或有困难时，尽力去关心照顾父母、协助父母；刻苦学习，努力求知，让父母少为自己的学习担心；自己照顾好自己，离家外出时应及时向父母汇报情况，注意安全。有孝心的子女，懂礼貌，责己严，为父母分忧解难。

要做到体谅父母，子女应该学会宽厚待人，包括对自己的父母。当受到父母的惩罚或错怪时，或自己的要求被父母否定或拒绝时，子女应该冷静地想一想，理解父母，体谅父母。

受到父母惩罚时，首先要端正态度。受惩罚一定是自己有了过错，父母在生气之际不够理智所致，所以，一定要老老实实承认错误。顶撞、争辩、赌气、使性子都是不明智的做法，只会火上浇油。

另外，要理解父母，惩罚的教育方式虽不妥当，有失文雅，但可以用强制的手段"强迫"子女改正错误。小错不改会酿成大错，相对严厉的惩罚有时可以使子女一次就纠正错误，改掉坏毛病。另外要明白，管教孩子是每个父母的责任，父母都希望自己的孩子健康成长，不要有错误和过失。

有时子女犯的错误比较严重，让父母生气，父母出于关心疼爱的目的，对子女进行惩罚。可以想象，父母绝不会惩罚一个与他们毫不相干的人。所以要体谅父母，即使受到惩罚，也要主动关心父母，主动和父母交流解释。受到父母错怪时，应该耐心听完父母所说的话，不要认为自己没错就顶撞父母。要心平气和地解释说明，当父母了解了真相后，也就消气了，问题也就化解了。

家风故事

虞舜至孝

中华民族有五千年悠久的历史，是四大文明古国之一。在这源远流长的历史长河中，无数古圣先贤以至德垂宪万世。在上古时代，有三位皇帝：尧、舜、禹，他们均因德行至大而受四方举荐登上帝位。这其中，舜因"至孝"而感动天地，被尧帝选为继承人，他的故事也被列为历代孝行故事之首。

尧帝十六岁称帝治理天下，到八十六岁时，年纪大了，希望能找到一个合适的人继承帝位。于是他征求群臣的意见，没想到众位大臣异口同声地向他推荐一个乡下人——舜，因为此人是一个著名的孝子。从这里可以看出，我们的祖先把孝行放在首位，一个孝顺父母的人，必定会爱护天下的百姓。

舜即位之后国号为"虞"，历史上称他为"虞舜"。

虞舜，本姓姚，名重华。父亲叫"瞽瞍"，是一个不明事理的人，很顽固，对舜相当不好。舜的母亲叫"握登"，非常贤良，但不幸在舜小的时候就过世了，于是父亲再娶。后母是一个没有妇德之人，生了弟弟"象"以后，父亲偏爱后母和弟弟，三个人经常联合起来谋害舜。

舜对父母非常孝顺，即使在父亲、后母和弟弟都将他视为眼中钉，欲除之而后快的情况下，他仍然能恭敬地孝顺父母，友爱兄弟。他希望竭尽全力来使家庭温馨和睦，与他们共享天伦之乐。虽然其间经历了种种的艰辛曲折，但他终其一生都在为这个目标不懈地努力。

小时候，他受到父母的责难，心中所想的第一个念头是："一定是我哪里做得不好，他们才会生气！"于是他便更加细心地检省自己的言行，想办法让父母欢喜。如果受到弟弟无理的刁难，他不仅能包容，反而认为是自己没有做出好榜样，才让弟弟的德行有所缺失。他经常深切地自责，有时甚至跑到田间号啕大哭，自问为什么不能做到尽善尽美，得到父母的夸奖。人们看到他小小年纪就能如此懂事孝顺，没有不深为感动的。

舜一片真诚的孝心，不仅感动邻里，甚至感动了天地万物。他曾在历山这个地方耕种，与山石草木、鸟兽虫鱼相处得非常和谐，动物们都纷纷过来帮忙。温驯善良的大象，来到田间帮他耕田；娇小敏捷的鸟儿，成群结队，叽叽喳喳地帮他除草。人们为之惊讶、感佩，目睹德行的力量是如此巨大。即便如此，舜仍是那样的恭顺和谦卑，他的孝行得到了很多人的赞美和传颂。不久，全国各地都知道了舜是一位大孝子。

那时候，尧帝正为传位的事情操心，听到四方大臣的举荐，知道舜淳朴宽厚、谦虚谨慎。治理天下唯有德才兼备的人才能胜任。尧帝把两个女儿——娥皇和女英嫁给他，并派了九位男子来辅佐他。希望由两个女儿来观

第三章 礼敬有加：家庭礼仪

察、考验他对内的行持，由九位男子来考验他对外立身处世的能力。

娥皇和女英，明理贤惠，侍奉公婆至孝，操持家务农事也井然有序，不仅是舜的得力助手，也成全了舜矢至不渝的孝心。有一次，瞽瞍让舜上房修补屋顶。舜上去之后，没想到瞽瞍就在下面放火。就在大火往上熊熊燃烧，万分危险之时，只见舜两手各撑着一个大的竹笠，像大鹏鸟一样从房上从容不迫地跳下来，原来聪慧的妻子早已有所准备了。

又有一次，舜的父母又用其他方法来谋害他，想把他灌醉后杀害。可是他的两个妻子事前就给他先服药，让舜即使终日饮酒也不能伤害到自己的身体。

还有一次，瞽瞍命舜凿井。舜凿到井的深处，瞽瞍和象想把舜埋在井里，就从上面往井里拼命倒土，以为这样舜就永远回不来了。没想到舜在二位夫人的安排下，早已在井的半腰凿了一个通道，从容地又躲过一劫。当象得意地以为舜的财产都归他所有时，猛然见到舜走了进来，大吃一惊，慌忙掩饰了一番，但舜并未露出愤怒的脸色，仿佛若无其事。此后侍奉父母，对待弟弟越加谨慎了。

舜初到历山耕种的时候，当地的农夫经常为了田地互相争夺。舜便率先礼让他人，尊老爱幼，用自己的德行来感化众人。果然，一年之后，这些农夫都大受感动，再也不互相争田争地了。

他曾到雷泽这个地方打鱼，年轻力壮的人，经常占据较好的位置，孤寡老弱的人就没办法打到鱼。舜看到这种情形，率先以身作则，把水深鱼多的地方让给老人家，自己则到浅滩去打鱼。由于一片真诚，没有丝毫勉强，众人大为惭愧和感动，所以短短的一年内，大家都竞相礼让老人。

舜还曾经到过陶河这个地方，此地土壤质量不佳，出产的陶器粗劣。令人惊讶的是，舜在此地治理一年后，连陶土的质量都变好了，所做出来的器皿相当优良。大家一致认为这是舜的德行所感召的结果。后来，只要他所居之处，来者甚众，一年即成村落，二年成为县邑，三年就成为大城市。亦即史上所称的"一年成聚，二年成邑，三年成都"。

尧帝得知舜的德行后，更加赞赏。于是考验他的种种能力，舜也毫不畏惧接受了诸多艰难的考验。一次，尧帝让舜进入山林川泽，考验他的应变能力，虽遇暴风雷雨，然而舜凭着智慧与毅力，安然无恙地回来，他的勇敢镇定，使尧帝确信舜的德能足以治理天下。

舜历经种种考验之后，尧帝并未马上将王位传给他，而是让他处理政事二十年，代理摄政八年，二十八年之后才正式把王位传给舜。足见上古时代的帝王对于王位的继承，确实是用心良苦，丝毫不敢大意。假如不能以仁治世，以德治国，国家就难以长治久安。

当舜继承王位时，并不感到特别地欢喜，反而伤感地说："即使我做到今天，父母依然不喜欢我，我作为帝王又有什么用？"他的这一片至德的孝行，沥血丹心，莫不令闻者感同身受而潸然泪下。终于，皇天不负苦心人，舜的孝心孝行，终于感化了他的父母，还有弟弟象。

《孟子》云："舜何人也？予何人也？有为者，亦若是！"舜能做到孝顺，我们也能。因为我们天性中都有一颗至善、至敬、至仁、至慈的爱心。假如我们能以舜为榜样，真正尽到"孝亲顺亲"的本分，深信必能缔造幸福美满的家庭。继而，再将"孝"扩大到我们周遭所有的人、事、物上，任何的冲突、对立都会冰释消融。这至孝的大爱孕育出的是上下无怨、民用和睦的和谐社会。

愿我们都能以身作则，相互勉励，做一个真正的孝子。

兄要友弟要恭

【原文】

兄道友，弟道恭。

——《弟子规》

【译文】

哥哥要爱护弟弟，做弟弟的要尊重哥哥。兄弟之间和睦相处。

第三章 礼敬有加：家庭礼仪

礼仪之道

传统礼仪将兄弟之间的关系看得很重要。人们认为，兄弟之间有着天然的血缘关系，如果不能很好地相处，怎么能够和外人和睦相处呢？所以古人历来把父子之礼中的"孝"和兄弟之礼中的"悌"相提并论，称为"孝悌"，提到"万善之本"的高度去认识。"四海之内皆兄弟也"这句话，则又从另一个侧面印证了人们对兄弟之礼的重视。人们要求对待任何人都要像对待自己的亲兄弟那么团结友爱，这说明大家都认为兄弟友爱是天经地义的，是毋庸置疑的，而人们对道德的理想追求则是要把这种天然的亲密关系扩大到对待所有的人。

传统家庭中的兄弟关系，以同父同母的兄弟为最多，也最为亲密。除此之外，还有同父异母、同母异父、异父异母的情况，也可以称为兄弟，与前者相比，在亲疏远近上则有了区别。古人往往实行一夫多妻制，妻妾们生下许多儿子，于是在家庭财产和权力的继承上就会产生纠纷。为了解决这些纠纷，传统礼仪做出了许多规范。

西周时，规定正妻的长子为嫡长子，由他继承父权，他的子孙后代的系统称为大宗。而他的弟弟们则要分出去，另立系统，称为小宗。妾所生的儿子称为庶子，一般也把正妻所生的嫡长子以外的儿子都称为庶子。庶子在家庭中的地位要比嫡长子低。如果嫡长子生了许多儿子，他也要按这种规范来划分大宗、小宗。这就是通常所说的宗法制。宗法制的核心是嫡长子继承。这对于统治者尤为重要，嫡长子所拥有的权力绝对超过了他所有的同胞兄弟。在宗法制度下，嫡长子甚至拥有对胞弟的生杀权。西周时确立的宗法制到了春秋战国时就已有所衰退，不过这种嫡长子继承的原则却始终没有变，一直成为我国两千多年封建宗族制度的核心。表现在对兄弟之礼的规范上，也就始终强调了长幼有序、亲疏有别的这样一个原则。

在长幼有序、亲疏有别的前提下，传统家礼对兄和弟分别提出了规范要求，这就是"兄友弟恭"，也称为"兄仁弟悌"。也就是说，做哥哥的要对弟弟友爱、关怀、照顾；做弟弟的要对哥哥恭敬、顺从。

传统家礼强调兄弟友爱，和睦相处，有一个重要方面是表现在对待分家的态度上。总的说来，传统家礼主张累世同居，众兄弟同住一家，共有财产，而不主张动辄分家的。南朝梁吴均《续齐谐记》里记载了一则有名的传说故事，说田真三兄弟准备分家，唯堂前一棵紫荆树，花叶美茂，无法均分，于是他们决定把树锯作三段。第二天去锯，却见紫荆树已经枯死。他们十分感动，说连树木都不愿分开，更不用说人了。如果我们再要分家，岂不是人不如木？他们发誓不再分家，后来那棵紫荆树居然又复活过来。这则传说显然有虚构的成分，却真实地反映了当时人们的心态。"紫荆树"从此成为兄弟团结的典故，历代文人诗词多有吟咏。香港回归祖国，香港人把紫荆花定为市花，把紫荆花图案印在港币上以取代原先的伊丽莎白头像，也同样是要借此表达骨肉同胞永不分离的深情。

然而在实际生活中，对于一个家庭而言，分家又是不可避免的。在传统社会中，分家涉及兄弟的实际利益，往往很容易引起纠纷，而官府在一般情况下又总是不做干预的，所以分家时所遵循的一些原则和规范，大多属于礼仪范畴。

在民间，兄弟分家，如果父亲健在，一般由父亲做主；如果父亲亡故，一般由族长做主，或是由舅父做主。分家原则，总的说来是平均分配，有几个兄弟就分作几份。具体来说又有几种例外，一是要给父母留出一份；二是如果父母亡故，因为嫡长子要主持祀祖等一应事务，有权多分一些；三是对家中姊妹的财产分配处置，一般说来，姊妹如已出嫁，则考虑到她已不属于这个家族，所以不能参与分财；但如果年幼未嫁，则要给她预留一份嫁妆；如果有姊妹已嫁又遭离弃，或丈夫亡故又无子女并且回到娘家的，则也可适当分给一些财产；再就是如果家中无男丁而招赘女婿进门，或领养儿子顶门户的，也可参加分财。

总之，因为分家涉及每个人的既得利益，常会把传统礼仪中温情脉脉的面纱撕得粉碎，引起各种纠纷，这也是个不争的事实。传统民间故事中有一则流传极广的"两兄弟型"故事，往往是从两兄弟分家说起的，而大量的故事又总是说哥嫂如何霸道，欺侮幼小的弟弟。这正可以从一个侧面反映出当时的社会生活真相。许多通俗小说又喜欢以兄弟分家的案例作为素材，加以改编，这都表明分家问题历来是人们关注的一个焦点。

应该指出，兄弟间的相互尊重和团结友爱，是中华民族传统美德中应该继续发扬的部分。谚语有"亲不亲，手足情""三兄四弟一条心，门前泥土

第三章 礼敬有加：家庭礼仪

变黄金""千朵桃花一树生，兄弟姐妹莫相争""长兄为父，长嫂为母"，都十分形象地说出民众对兄弟之礼的评判和要求。历史上，兄弟相爱、相让的动人故事层出不穷，令人感动。

西汉人卜式和弟弟分家，把田宅财产都分给弟弟，自己进山放羊。后来他弟弟把家产挥霍光了，卜式却靠着放牧又积蓄起一笔家产，他又把自己的财产分给弟弟。东汉末年，孔融和他的哥哥孔褒因为保护一个被官府追捕的人而同时被捕，他们兄弟俩争着认罪，要保护亲人出狱，害得郡县无法判决，只好上报朝廷裁决。赵孝家中贫困，夫妻二人吃蔬菜充饥，却把粮食留给弟弟和弟媳妇吃。这些动人事例都给人们留下了深刻印象。

但是，我们又必须指出，传统家礼过分强调了兄长的特权和弟弟对兄长的顺从，则必然造成家庭关系中的不等，并由此引发出一系列弊端。对于这些，我们要学会区别对待。

家风故事

"七步诗"的辛酸

曹植是三国时期的杰出诗人，曹操第三子，因才华横溢，早年曾被曹操宠爱，一度欲立为太子，后因其行为放任而失宠。曹操死后，他的哥哥曹丕当上了魏国的皇帝。曹丕是一个嫉妒心很重的人，他既嫉妒曹植的才干，又担心弟弟会威胁到自己的皇位，于是就想找理由害死他。

有一次，曹丕叫曹植到面前来，命曹植在七步之内作诗一首，如做不到就将行以大法（处死）曹植知道哥哥存心要害死他，既伤心又愤怒，所幸的是，曹植学富五车、出口成章，当即在七步之内作了一首诗：

> 煮豆持作羹，漉菽以为汁。
> 萁在釜下燃，豆在釜中泣。
> 本是同根生，相煎何太急？

这便是七步诗的由来，它一方面反映了曹植的聪明才智，另一方面也反衬出曹丕迫害手足的残忍。曹植以其豆相煎为比喻，控诉了曹丕对自己和其他兄弟的残酷迫害。勿用说，这是曹植的控诉书，据说曹丕听了以后"深有惭色"，不仅因为曹植在咏诗中体现了非凡的才华，使得文帝自觉不如，而且由于诗中以浅显生动的比喻说明兄弟本为手足，不应互相猜忌与怨恨，晓之以大义，自然令文帝羞愧万分，无地自容。

千百年来，帝王之家的子孙为了争权夺利，兄弟阋墙、手足相残的例子数不胜数，在那个权力即一切的社会里，人性早已经被权欲所掩盖，这可能也是封建制度的一种悲哀吧。

夫妻相敬如宾

【原文】

每归，妻为具食，不敢于鸿前仰视，举案齐眉。

——《后汉书·梁鸿传》

【译文】

每天回家，妻子都为他筹备饭菜；妻子不敢抬头直视梁鸿，将饭盘和眉毛举得一样高，夫妻相敬如宾。

礼仪之道

现代生活中对于夫妻之间的关系和礼仪通常会用"相敬如宾"和"举案齐眉"来形容。这两个词语都被用来形容夫妻之间的相互尊重。许多人结婚以后或者没有结婚而两人待在一起的时间很长，彼此的言辞不再讲究，彼此的尊重也随着时间的推移而日渐减少，这都会磨损彼此的感情。一个模范丈夫，会经常主动帮妻子做些家务，特别是重体力劳动。要尊重妻子的劳动，用过的东西要随手收拾妥当，不把麻烦留给妻子。当妻子兴奋地和你说她认

第三章 礼敬有加：家庭礼仪

为有趣的事时，要认真倾听，不扫她的兴致。跟朋友相聚要选择一般性的日子，节假日要留给妻子，不能在别人家聚会时冷落了妻子。记得结婚纪念日、妻子生日以及其他一些有特殊意义的日子，并且送上一点礼物，表示你的心意。如果把朋友带回家吃饭，一定要先告诉妻子，否则会使妻子措手不及。如果需晚些回来或临时出门，一定要设法通知妻子。女人容易妒忌，你的妻子也不例外，所以最好不要在她面前谈论年轻漂亮的姑娘。

妻子的自尊跟你的面子一样重要，所以要避免当着别人的面指责妻子。自己的父母与妻子的父母地位相等，节假日到底去谁家应妥善安排。丈夫的事业就是自己的事业，要全力相助，与丈夫同甘共苦。如果眼里只有家务和孩子，不关心丈夫的事业，而丈夫又是一个文化层次高的人，那么这桩婚姻就容易产生危机。在公共场合不揭丈夫的短处，给他留足面子；但在背后，可以拿出女人的温柔和宽厚，用适当的方式劝诫丈夫。多鼓励丈夫，用他的长处去克服他的短处；拿他的长处与别的男人比，越比越欣慰和幸福；反之，会越比越失望和烦恼。绝不和丈夫不分场合地闹意见、发脾气，甚至不尊重丈夫，使丈夫难堪。在和丈夫发生争执时，不做以下事情：不拼命吼叫，不逢人便讲；不把小夫妻争执的战火殃及丈夫的亲属；不扩大矛盾到娘家，以免造成伤心的后果；不要不动就把财物搬回娘家；不要一吵架就轻言离婚。要尊重丈夫的亲属，瞧不起丈夫的血亲，等于瞧不起丈夫。对丈夫不宜过于苛求，比如，嫌丈夫不是学者，不是处长、局长，也不是大款。须知，任何人在没有成功之前，都是平凡的。要及时称赞丈夫的优点，不要吝啬你的赞美。

多称赞丈夫，不管他在不在身边。如果丈夫兴致勃勃地谈球赛或其他你不感兴趣的话题时，别打断他，要试着与他共享。如果丈夫在按照自己的计划做某件事，那么做妻子的就要支持他、鼓励他。

家 风 故 事

平淡度日显夫妻真情

东汉有个人叫梁鸿，是扶风平陵人。由于品德高尚，许多人想把女儿嫁给他，但梁鸿谢绝了他们的好意，就是不娶。与他同县的一位孟氏有一个女儿，长得又黑又胖又丑，已三十岁了。父母问她为何不嫁，她说："我要嫁像梁鸿一样贤德的人。"梁鸿听说后，就下聘礼，准备娶她。

孟女过门后，每天打扮得漂漂亮亮的。哪想到，婚后一连七日，梁鸿一言不发。孟女就来到梁鸿面前跪下，说："我立誓非您莫嫁，夫君也选定了妾为妻。可婚后，夫君为何默默无语？"梁鸿答道："我一直希望自己的妻子是位能穿粗布衣服，并能与我一起隐居的人。而现在你却穿着名贵的衣服，涂脂抹粉，这哪里是我理想中的妻子啊！"

孟女听了，便将头发卷成髻，穿上粗布衣，架起织机，动手织布。梁鸿见状，大喜，连忙走过去，对妻子说："这才是我梁鸿的妻子！"还为妻子取名为孟光，字德曜，意思是她的仁德如同光芒般闪耀。

不久，梁鸿为躲避征召他入京的官吏，夫妻二人离开了齐鲁，靠给人舂米过活。每次归家时，孟光备好食物，低头不敢仰视，举案齐眉。

婆媳相处有方

【原文】

公婆言，莫记恨。

——《女儿经》

【译文】

对于公公婆婆的责备或者教导的言语，不要厌烦和记恨。

礼仪之道

传统家礼中的婆媳之礼主要有以下几种：首先是新媳妇嫁到男家时的谒拜礼，一般都很讲究。通常安排在婚礼下一天的清晨，媳妇要由人领着，去拜见公婆，仪式很是烦琐，表示公婆对新媳妇的接纳和承认，也表示新媳妇进入这个家庭的诚意，对于双方都是很重要的。中国古代的新媳妇一过门，公婆就会先给她一个下马威。据《仪礼·士昏礼》载，婚礼第二天早上，拜见公婆，媳妇要给公公婆婆端饭，公公婆婆象征性地吃一下，媳妇儿要端过来他们的剩饭，也象征性地吃一下，象征着媳妇儿一进门就是个吃剩饭的地位和待遇。

在民间礼俗中，则往往还包括让新媳妇上灶，做几道菜肴给公婆品尝等内容，作为对她的一种考验。在以后的日常生活中，则大量地表现为侍养礼。要求媳妇像侍养自己的父母那样侍奉公婆，在这方面，甚至比儿子侍奉父母要求得还要严格。每天晨昏定省，媳妇要陪同丈夫去做，如果丈夫外出，就全是媳妇的责任了。一日三餐，要小心侍奉；公婆吃饭，要奉座席，问清公公婆婆脚往哪个方向伸；公婆走动，要跟着；公婆洗脸，要端水；公婆有使唤，要立即答应，声音要轻；公婆面前行走，要庄重，俯身拱首而行，不打吱嘻，不打喷嚏，不打哈欠，不伸懒腰；站时不得偏倾一足，不能身体斜靠，不能流口水，不能淌鼻涕；公婆不让回自己的房间时，不得私自回；有事，先请示公婆；媳妇不得私自接受财物，即使回娘家得到的礼物，回来后也要上交公婆，公婆如果不收，就好比是公婆赏赐给她的那样，暂时收藏起来；公婆生了病，媳妇更要尽力侍疾……

婆媳相处，双方都要有互助的意识，媳妇敬重婆婆，婆婆爱护媳妇，以心换心，婆媳才会相处得和睦融洽。作为小辈，媳妇要注意礼貌和分寸，跟婆婆说话要心平气和，态度诚恳，不可口是心非，出言不逊。遇事多与婆婆商量，在婆婆比较关注的事情上，尽可能与婆婆保持一致。媳妇上班前，要跟婆婆道别。有的人只顾和自己的丈夫、孩子打招呼，忽视了这个问题，婆婆嘴上不会说什么，但会觉得你心里没有她。下班后，先向婆婆问候，婆婆心里会很舒服。当媳妇的朋友来了，首先要把婆婆介绍给客人，使婆婆感到媳妇对她很尊重。媳妇对婆婆的称呼要亲切自然，不要以称"您"代替喊"妈"。媳妇的一声"妈"，可暖遍婆婆的全身，赢得婆婆的欢心。

逢年过节，莫忘给公婆做些可口饭菜。冬去春来，关心公婆的衣着穿戴；婆婆生日，送上一些心爱之物。当媳妇主管家务、掌握开支时，还应让公婆了解经济收入及开支情况，经济公开，减少误会。

婆婆上年纪了，干活吃力，媳妇下班回家后，尽量多承担些家务劳动，以减轻婆婆的劳累。如果与婆婆不住一起，也要抽空去帮婆婆干些家务。孩子是紧绷在婆媳头上的一根很敏感的弦。媳妇在婆婆面前少打骂孩子，更不要借打骂孩子发泄对婆婆的不满。

婆婆年老，行动不便，与外界接触少，与别人交流少，只能跟家人唠叨。做媳妇的应明白这一点，耐心听婆婆唠叨，满足其倾诉的愿望，而不能一听就烦、一烦就顶。再说婆婆喜欢与媳妇唠叨，说明她把媳妇视为知心人，做媳妇的应该为此高兴。平时，要主动与婆婆聊天，多说一些关心婆婆的话。吃饭时，应先照顾公婆，好饭好菜让公婆先吃，不能只顾自己的孩子和丈夫。在婆婆身体不适或遇到不顺心的事的时候，要细心照料，亲切安慰。

家 风 故 事

涌泉跃鲤的故事

姜诗，东汉四川广汉人，娶庞氏为妻。夫妻孝顺，其家距长江六七里之遥，庞氏常到江边取婆婆喜欢喝的长江水。婆婆爱吃鱼，夫妻就常做鱼给她吃，婆婆不愿意独自吃，他们又请来邻居老婆婆一起吃。

一次因风大，庞氏取水晚归，姜诗怀疑她怠慢母亲，将她逐出家门。庞氏寄居在邻居家中，昼夜辛勤纺纱织布，将积蓄所得托邻居送回家中孝敬婆婆。其后，婆婆知道了庞氏被逐之事，令姜诗将其请回。庞氏回家这天，院中忽然喷涌出泉水，口味与长江水相同，每天还有两条鲤鱼跃出。庞氏便用这些供奉婆婆，从此再也不必远走江边了。

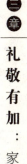

第三章｜礼敬有加：家庭礼仪

第四章

宾至如归：待客礼仪

中国自古是礼仪之邦，热情好客是中国人的优秀品质。中国礼仪上下传承数千年，其中也包括宾至如归的待客之礼。从见面到走亲串友，再到迎来送往，古代典籍都对其礼仪有着详尽的阐述。传承先祖的待客之道，结合现代人的生活方式，我们可以把待客礼仪进一步发扬光大。

毕恭毕敬的见面礼

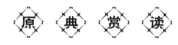

【原文】

凡叉手之法，以左手紧把右手拇指。其左手小指向右手腕，右手四指皆直。以左手大指向上，以右手掩其胸。手不可太着胸，须令稍去二三寸。

——《事林广记》

【译文】

凡是叉手，用左手紧握右手的大拇指。左手的小指指向右手的手腕，右手除大拇指之外的四根手指皆伸直。将左手的大拇指竖直向上，将右手遮挡在胸前。手不可离胸太近，要让手离开身体二三寸左右的距离。

礼仪之道

"叉手"行礼，是自秦汉以来古人表示恭敬的重要方式。到明代，"叉手"似乎比"拱手"的示敬程度更高，显示出更深厚的教养。在今天，无论"叉手"还是"拱手"，都已经被西方传来的"握手"代替，这是社会演进的结果。其实所谓礼仪，就是大家约定俗成、共同遵守的交注准则，既然"握手"为最多的人所接受，我们自然也应当借鉴与吸收。

叉手礼是古代相见礼的一种，相见礼是古人日常相见交注的一种礼节。相见礼中还有作揖，最初是双手抱拳前举，这是模仿前有手枷的奴隶，意思是甘愿做对方的奴仆，为对方服务，在礼节上是一种尊重对方的礼貌表示。

就这样一个作揖礼，在封建社会也要体现出等级尊卑亲疏来。《周礼》中规定，对无亲属关系的，拱手时要稍低，称"土揖"；对异性，拱手要平，称"时揖"；而对同一血缘家族的，拱手要高，称"天揖"；久别相见时，揖手时间要持久些，这叫"长揖"；如果要行揖手礼的对象有很多个，则要分等级而视；若对方是尊贵之人，则重行"特揖"，即一个一个地作揖；若对方是低一等级之人，则可以行"旁三揖"，即对众人笼统地作揖三下；如果面对的是不同等级的众人，则要按等级分别作揖。封建社会的等级尊卑亲疏观念之强固，由揖手礼可见一斑。

古代相见礼既是双方致意的形式，又在其中表现出浓厚的尊卑等级色彩。除作揖外还有以下常见的礼节。

跪拜礼。拜指低首折腰，古人认为低首躬身更显谦卑与尊人。跪则是双膝着地，腰臀部欠起的姿势。行跪拜礼是表示特别敬重和庄重的礼节。跪拜在不同场所不同对象面前姿态要求也有所区别。为此《周礼》规定了九种跪拜礼，稽首、顿首、空首、振动、吉拜、凶拜、奇拜、褒拜、肃拜。这之间差别细微，极其烦琐。

跪拜礼源于原始社会。在原始社会，人们都是席地而坐，跪拜很方便，因而成为相互间致意问安的姿势。进入阶级社会很长一段历史时期内，人们仍习惯席地而坐，因此行跪拜礼也很方便。随着封建等级制度越为森严，跪拜礼作为一种区别尊卑的礼仪，被制度化复杂化，到了无以复加的地步。不同等级不同身份之人，有着不同的跪拜礼。卑者如果行了尊者、贵者之礼，就被视为"越礼"，而越礼在古代被视作大逆不道的行为。

跪拜礼因为要屈膝卑躬，有损人的独立人格，所以随着近代人们对封建等级礼教的反对而渐渐被抛弃。据说太平天国就坚决废除了跪拜礼。辛亥革命后，孙中山先生宣布取消跪拜礼，之后，相见大礼被改为鞠躬礼。

作为一种社会交注礼节，跪拜礼已完成了它的历史使命。当然，作为历史的遗迹它还有残留于现代社会的痕迹。有些落后地区的落后群众，注注用跪拜姿势表达感恩戴德或乞求宽恕，或者表达祈求保佑的虔诚情感，如在神像、偶像、祖宗牌位面前，注注有这样的举动。跪拜的最终消失，还有赖于进一步提高人的思想观念意识和人的文明进步。

除此之外，古人还有"绍介""辞让""奉贽""复见""还贽"等相见礼节。"绍介"即介绍，古人不尚自我介绍，为尊敬他人起见，互相不认

第四章｜宾至如归：待客礼仪

识的人初次交注，需要有人中间引荐，这也是为了不给别人带来贸然造访的不便；"辞让"是初次见面必须说的一些客套话；"奉赞"的赞，指的是携带的礼物，奉赞即见面后把礼物奉上；"复见"是要求有回拜，客人拜访主人后，主人要安排回访，来而不往，就失礼了。古人讲究"礼尚往来"。复见时，主人应把以前来宾执送的礼物归还给他，这叫"还赞"。还赞礼节表示重礼而轻财物之道。古人讲究"君子之交淡如水"，友情单纯，不掺杂任何财物和功利。这一点确实是后世行贿受贿之人所应当记取的。

家 风 故 事

纪晓岚无意"跪"乾隆

乾隆三十六年，开四库全书馆，把古今已刊未刊的书籍，统行编校，汇刻一部，命河间才子纪昀做总编修。纪晓岚阅历广博，性情诙谐，文字雍容淡雅。野史还说他喜欢用大烟袋锅子，说他是风流才子，八十岁还"好色不衰"。

其中有个故事：纪晓岚因身子肥硕，生平最怕暑热。一天在馆内校书，适值盛夏，他便光着膀子圈了辫看书。恰巧乾隆进来，他不及披衣，忙钻入书案下藏起来，因书案下面狭小，他只能跪在里面不出声。不料早已被乾隆瞧见，乾隆帝故意传旨馆中人照常办事，不必离座。他踱到纪晓岚座旁，静悄悄地坐着。纪晓岚跪了许久，汗流浃背，不免焦躁起来，听馆中人寂静无声，以为乾隆已走，就伸首问众人道："老头子已走了吗？"语方脱口，转眼看见座旁正坐着乾隆。纪晓岚此时只得出来穿好了衣，跪在乾隆面前请罪。乾隆道："别的罪总可原谅，你何故叫我老头子？有道理可生，无道理即死。"众人都为纪晓岚捏一把汗。谁知纪晓岚却不慌不忙，从容奏说："老头子三字，是京中人对皇帝的统称，并非臣敢臆造，容臣详奏。皇帝称万岁，岂不是老？皇帝居万民之上，岂不是头？皇帝便是天子，所以称子。这'老头子'三字，从此流传了。"乾隆听到后哈哈大笑，不仅没治罪于他，还夸他机敏。

躬身而为的拜访礼

【原文】

将适舍，求毋固。将上堂，声必扬。户外有二屦，言闻则入，言不闻则不入。将入户，视必下。入户奉扃，视瞻毋回。户开亦开，户阖亦阖，有后入者，阖而勿遂。毋践屦，毋踖席，抠衣趋隅。必慎唯诺。

——《礼记》

【译文】

将要拜访人家，不应随便。将要走到人家的堂屋，首先应高声探问。见人家室门外放有两双鞋子，而室内说话的声音听得非常清楚，那样，就可以进去；如果听不见室内说话的声音，那表示人家在里面可能有机密的事，就不好进去了。即使进去，进门时，必须眼睛看地下，以防冲撞人家。既进入室内，要谨慎地捧着门闩，不要回头偷觑。如果室内本是开着的，就依旧给开着；若是关着的，就依旧给关上；如果后面还有人进来，就不要把它关紧。进门时不要踩着别人的鞋。将要就位不要跨席子而坐。进了室内，就用手提起下裳走向席位下角。答话时，或用"唯"或用"诺"，都要谨慎。

礼仪之道

在古代，士大夫阶层里登门拜访时是要先投递名片的，早期的名片用竹木制成，称为谒、刺，所以拜访又称拜谒。有的大人物摆架子，递进名片去他会拒不接见，要连递三四次，并在名片上写明求见缘由，方才得以接见的。至于平民百姓之间的交往，就不会有此类礼节，但也是不可擅自闯入的。一般得先敲敲门，等主人出来开门，才可进入。

登门拜访，尤其是初次拜见，还必须携带礼物，称为赞，《左传·庄公二十四年》云："男赞，大者玉帛，小者禽鸟，以章物也；女赞，不过榛栗枣修，以告虔也。"根据客人身份不同，带不同的赞。这和后世的馈赠礼物还有些不同，赞主要用来表示对主人的尊敬，所以成为一种礼仪规范，不可随意而必须遵照严格的等级区分，来决定带什么赞礼，否则就会被人批评为"有失身份"。另外，在拜访结束时，主人一般都会把赞退还给客人，或在回拜时把原赞带去退还。只是尊长可以受赞不退，或是求婚的纳彩礼、学生拜师的赞见礼等，也不退。

而在现今社会，拜访和接待是人们经常采用的一种交往方式，是人们通过走访形成的来联络感情、交流信息、增进友谊的重要交际活动。因此，即便是时过境迁，我们依然要遵循先贤传承下来的礼仪。

在拜访的交谈过程中要专心，不要左顾右盼，谈话语气、语调要适宜，态度和蔼，不要随便打断别人的话，更不能自以为是地乱发议论或卖弄自己，尤其在长辈面前更是如此。交谈时应注意交谈话题的选择，不该问的事不要多问。

拜访中，未经主人允许，不要随便翻看主人家的东西，也不要随便进入主人家的其他房间。若对其他房间感兴趣可以提出参观的请求，在主人的带领下参观，参观时对主人引以为自豪的地方要及时赞美，不要对主人的亲属、朋友表现出过多的兴趣。

拜访前应做好以下准备工作。

第一，拜访他人应预约在先，拜访时间的选择最好是考虑到对方的方便，应尽量避开对方可能不便的时间，如难得的节假日、工作忙碌的时间、用餐时间、午休时间、凌晨或深夜。一般选在周末或晚饭后较好，这个时间主人一般都有接待来访者的思想准备。

第二，拜访做客时，要注重仪表。整洁的仪表服饰反映来访者对主人的尊重。因此，最好选择那些穿起来显得高雅、庄重而又不失亲切、随和的服装。服装不必太隆重，女士不必浓妆艳抹，男士忌穿拖鞋。

第三，初次登门或节日拜访，最好适当带些礼品，以示正式和尊重，并应尽量适应主人家的需要，最好以老人、儿童为主并兼顾到主人配偶为受礼对象。礼品以鲜花、水果和日常用品为好。

须注意的是，如果是自己主动提出拜访对方，语言应礼貌，语气要和缓，时间安排要与对方商量。如有变动或是特殊情况不能前去，应尽可能提前通知对方，并表示歉意。如果对方要拜访自己，通常不能拒绝，若确实有事不能接待，一定要充分说明理由。

第四，到他人住宅拜访，尽量不要在人家要吃饭或要睡觉的时候，不要妨碍他人休息和处理其他事情。谈话办事目的达到，要适时收住话题，起身告辞。告辞时不要忘了与家里其他人尤其是长辈打招呼，还要请主人"留步"，礼谢远送。

家风故事

刘备三顾茅庐访诸葛

东汉末年，天下纷争，军阀割据，曹操挟天子以令诸侯。官渡之战后，刘备带领关羽、张飞投奔到刘表处。刘表拨给他一千人马，并让他屯驻荆州境内一个偏僻的新野县城。刘备身为皇室之胄，一心想恢复汉室江山。但他的人马还很有限，为了能在荆州立足，他求贤若渴，经常亲自访求人才。为表示对前来投奔的英雄豪杰的尊重，刘备在新野县议事堂隆重地接见他们。

刘备手下有个谋士叫徐庶，此人足智多谋，深得刘备的信任。徐庶也觉得刘备胸怀大志，将来定能成就大业。有一天，他对刘备说："我向主公推荐一个人，此人复姓诸葛，名亮，字孔明，人称卧龙先生，现隐居在隆中，这是一位具有远见卓识，文能治国、武能安邦的栋梁之材，他一定能帮助主公成就大事。"

"既然此人如此有才能，就烦劳你辛苦一趟，把孔明先生请来见一面如何？"刘备听后说道。

"主公，此人非同常人，恐怕在下请他不动啊！还请主公亲自光临为好，或许这样才能请他出山。"

"说得有理，是我们请人家来帮助我们，怎么能让人家自己来呢？明天

第四章 宾至如归：待客礼仪

我们就上路。"

从新野到隆中，几乎都是崎岖的山路。刘备带着关羽、张飞，带着厚礼，前去拜谒孔明。他们来到卧龙岗，只见三间草庐坐北朝南，几人从马上下来，上前叫开柴门。开门人告知孔明先生出门访友去了，不在家，一时半会儿回不来。刘备等人无奈只好上马返回新野。

过了几日，刘备又迫不及待地再次去卧龙岗。可到地方一问，诸葛亮又没在家。他们等了好长时间，也未见诸葛亮回来，只好又一次扫兴而归。

第三次刘备又要去请诸葛亮，关羽和张飞有些不耐烦了。他们对刘备说："这个诸葛亮也太不近情理了，让大哥三番五次去请。想必他是一介村夫，没什么本事，不敢和我们见面。不如让我们兄弟二人用绳子把他捆来算了，别再劳烦大哥前去了。"

刘备急忙阻止道："诸葛先生是个难得的人才，我必须亲自去请，以表示我们的诚意。"经过再三解释，刘备总算说服了关羽和张飞，于是三人又来到了卧龙岗。这次他们总算是见到了孔明先生。其实，诸葛亮早已知道刘备要请他出山，前两次，他是故意躲出去的，想试探一下刘备的诚心。这一次，他将三人请到草庐之中，谦虚地说："三位将军三顾草庐，本人才疏学浅，深感愧疚，还望见谅。"

诸葛亮被三顾茅庐的刘备所感动，二人在茅庐之中，为刘备今后的发展制定了一条避实就虚的发展方向，即回避北方兵精粮足的曹操和东南地险民服的孙权，只有向西夺取昏庸无能的刘璋所据的蜀地，形成三分天下的鼎足之势。这就是著名的"隆中对策"。刘备认真地听完了诸葛亮的局势分析，简直佩服得五体投地，更觉相见恨晚。恭恭敬敬地站起身来，向诸葛亮施礼道："先生的高见，如同一剂良药，驱散了我心中的愁云。我恳求先生出山，助我一臂之力，共图统一天下的大业。"

诸葛亮接受了刘备的邀请，随他走出了隆中。刘备拜他为军师，二人事事都在一起商量，形影不离。刘备高兴地说："我得到孔明，如鱼得到水一样啊!"

在诸葛亮的辅佐下，刘备下西川、取成都，建立了与曹操、孙权相抗衡的蜀汉政权。

作为智慧化身、忠君楷模的诸葛亮，一生为刘氏政权呕心沥血。士为知己者死，三顾茅庐的一片诚意，换得诸葛亮五月渡泸，六出岐山，直到五丈原巨星陨落。礼，在这里表现出的是一种无可估量的精神力量。

热情大方的迎客礼

【原文】

接遇慎容谓之恭。

——《管子·五辅》

【译文】

迎接招待宾客时要仪态安详庄重。

礼仪之道

迎接客人，古代有拥彗之礼。彗就是扫帚，客人到了，家中的仆人双手拿着扫帚，躬身在门口迎接，表示家中已经打扫干净了。对于尊敬的客人，还要到郊外去远迎。主客相见，主人要说一些欢迎的套话，诸如"欢迎大驾光临""有失远迎"等。在一些地方，还有燃放鞭炮迎接客人的礼俗。历代礼书上，有关于迎接客人的许多详细的礼节记载。比如说，主人和客人一起进门，每到一个门口都要让客人先进。对于贵客，主人往往侧身相迎，甚至在客人前边倒退着走，把客人引进屋。上台阶更有讲究，谁走东阶，谁走西阶，都有一定的安排。主客之间还得推让几次，然后是主人先登阶，客人再登。请客人入座前，主人要拂拭座席上的尘埃，即使座席刚擦过，也非得象征性地拂拭一下不可，然后恭敬地请坐。座席有尊卑之分，主人得根据客人的身份，恭请上坐。有时候客人觉得按礼自己不该这么坐，就又要谦让一番。

而现在迎送客人时，要让客人感到真诚，热情，礼貌，周到，使客人高兴而来，满意而归。而在不同的场合迎接客人又有着不同的礼仪规范。

在接待室迎接客人。接待人员应提前到达接待室，宁可等候客人，也不能让客人等候。具体的礼节如下。

第一，看到客人来时，要立即从座位上站起来，礼貌地打招呼，以示欢迎。

第二，若是首次来访的客人，要很恭敬地问清来访者的姓名，从何处来，双方交换名片。若是经常来的客人，要亲切地称呼，这会使客人产生一种朋友之情。

第三，请来访者坐下。接待人员的位置在近门处，面向入门处。距离入门处远的是上座；背对入门处，离门近的是下座。端茶时也是从右边上座开始依次分配。

第四，工作繁忙，万不得已请客人等候时，应先表示歉意："请您稍等片刻，我一会儿就来接待。"如果客人要找领导，对于熟悉、亲密的客人可尽快通知领导，如若遇到来意不明的客人，不要先表明领导的动向，待问清来访的目的后，再说"请等等，我先联系一下……"然后请示领导决定。若领导拒见，则应挡驾，以沉着、冷静、有礼的态度婉言拒绝，并要征求客人的意见，是否要留话，是否要代理。另外，在接待中，对于来访者的伞、帽、包等物，要指明挂放处，有时可以帮助放置。

总之，在等待室或办公室接待客人来访时，要使客人产生"我被重视"的感觉，若客人产生"我被忽视"的感觉，则是接待失礼。

接待人员主动到车站、码头或机场去迎接远道而来的客人，这也是接待工作的一项重要内容。实践证明，热情周到地做好接待工作容易赢得客人的信任和合作。反之，客人人生地不熟，没有遇到接站的人员，自己艰难地寻找目的地，那么他们必定会对该组织产生埋怨情绪和不积极合作的态度，从而影响建立和谐一致的关系。接待人员做好接待工作应注意以下几点。

第一，了解客人到站的确切时间，并提前到达候客车站，绝对不能迟到，以免客人久等。否则会使客人产生一种不信任感，无论在见面时怎样解释，也很难改变失礼的印象。

第二，为了方便识别要接的客人，事先要准备一块牌子，写上"欢迎您，xx同志"或"欢迎xx单位代表团"的字样。书写的字牌要工整、醒目，以便客人到站时迅速联系上，而不至于到处问询、寻找。

第三，接到客人后，接待人员应迎上前去，主动打招呼、问候，并真诚地表示欢迎，同时做自我介绍，若有名片，则应双手递上，有礼貌地交换名片。必要时，应让客人检验一下自己的身份证和工作证，以便打消客人不必要的疑虑。

第四，主动帮助客人提取行李，但最好不要拿客人的公文包或手提包，因为里面可能有贵重物品，如介绍信、钱款等，一般他们是不脱手的。如果是残疾客人，还应事先准备好车辆，注意扶持。

第五，陪同客人乘坐事先安排好的交通车辆，一同前注接待的住宿处，并帮助客人妥善办理住宿事宜。到达宿舍后，不宜久留，应保证客人休息。与客人分手时，应祝客人休息好，并约定下次见面的时间、地点与联系方法。

第六，在迎接陪同过程中，应热情回答客人提问，如会议的日程安排，注返车票登记情况等，并要主动询问客人是否有私人活动的安排，是否需要帮助代办事情。为了活跃谈话气氛，也可主动介绍一些本地的风土人情、气候、土特产、单位的地址、周围环境和旅游胜地等。

第七，如果客人所乘的车、船、飞机未能准时到达，应主动关心推迟到达的时间，并耐心等候，不能擅自离去。如果客人因故改期，也应主动联系，问清原因，并对接待工作做相应的调整。

客人来了，无论是熟人还是头次来访的生客，不论是有地位、有钱的还是一般人员，都要热情相迎。如果是有约而来者，更应主动迎接。

对不速之客的到来，不能拒之门外或表现出不高兴，使客人进退两难。应该尽快让进屋里，问明来访目的，酌情处理。

万一客人来访时，自己正欲出门，如不是急事或有约，应先陪客人；如有急事或约会必须离开，也应了解客人来访目的，视情况另约见面时间。

事先如果知道客人要来，应该打扫和整理一下房间，备好茶水等。

客人来时要让座、敬茶。敬茶的茶具要清洁，茶叶投放得要适量，不能多而苦，也不能少而淡。每次倒茶八分满，便于客人端用。敬茶时双手端杯，一手执耳，一手托底。续茶时将杯子拿离桌子，以免把水滴到桌上或客人身上。

如家里有客人，又有新客来访，应将客人相互介绍，一同接待。若有事需和一方单独交谈时，应向另一方说明，以免使客人感到有厚薄之分。谈话要专心，不要三心二意或频频看表。

家里有客人来，小孩子不要在旁聆听，也不要开大声音看电视、听收录机；家长不要当着客人的面打骂小孩，家庭成员之间不要争吵。这些情况要么影响客人谈话，要么会使客人感到尴尬。

客人告辞，主人应等来客先起身，自己再站起来。远客一般要送出房门，然后握手道别。不要客人前脚刚走出门，后脚就把门"砰"地关上，这样的表现非常失礼。

家风故事

倒屣相迎

"文人相轻，自古而然。"这是曹丕《典论论文》中的一句话。东汉著名学者、文学家、书法家蔡邕与青年诗人王粲之间的友谊足以证明这一点。

蔡邕任汉献帝的左中郎将时，已是六十高龄，可谓年高德劭。王粲十六七岁时已是才华出众，声名远播。蔡邕对这位后起之秀怀着深深的敬意。

在王粲很小的时候，由于父亲的早逝，家里没有了生活来源，王粲不得不承担起生活的重任，开始代人写书信来维持生计，奉养母亲。因为他的文笔特别出色，所以人们都愿意叫他代笔。据说有一次，王粲代人写信因为辞彩丰富，感情真挚，竟令一对感情已经破裂的夫妻破镜重圆，一时间传为美谈。王粲也因此而闻名京城，人们逐渐知道有一个文章写得非常漂亮的"王铁笔"。蔡邕听说此事后对王粲非常钦佩，很想结识他，便派人去邀请王粲，前来会面。

这天，蔡邕正在家中读书，忽然仆人跑来禀报："大人！那个叫王粲的请到了，现在门外等候。"

"快快有请，备茶！"蔡邕急忙放下手中的书籍出来迎接。原来蔡邕一直以为王粲是位德高望重的老先生，谁知竟是位少年，更觉欣喜万分，拱手说道："王先生真是年少有为，老夫实在敬佩，快快请进!"宾主落座后，这一老一少便兴致勃勃地交谈起来。谈话中蔡邕并不因自己年纪比王粲大、官位比他高而傲慢，而是谦恭诚恳，坦荡自然。王粲也毫无矫饰，侃侃而谈，蔡邕越发觉得这个少年才思敏捷、博闻强识，在文学上有惊人的天赋。从此以后，这老少二人便成了忘年之交，往来更加频繁密切。

由于蔡邕非常敬重有才能的人，所以经常设宴赋诗与宾客们切磋文章技法，交流各自的经验体会。这一天，蔡府照例是上上下下一片繁忙，门外车马喧嚣，室内高朋满座，好不热闹，宾客们都已到齐，蔡邕正和朋友们对面端坐，促膝交谈。一个仆人走到蔡邕跟前说："大人!王粲前来拜见。"

这一消息，对于别人来说不过平平常常，可对于蔡邕来说，却是一个特大喜讯，因王粲外出游学，这两位挚友已许久未见。蔡邕一听是王粲来了，忙三送四地站起身来，慌乱之中竟把鞋倒拖着就往外走，于是就有了"倒屣迎宾"这个成语，屣就是鞋。

宾客们见蔡大人如此紧张，还以为是什么大人物驾到，也都纷纷起立，扶正衣襟，表情严肃地面向门口，恭候贵客的到来。可是久等也不见有人进来。正在大家摸不着头脑时，一位身材矮小、貌不出众的少年，在蔡邕的陪同下出现在厅堂门口。蔡邕非常诚恳地为少年介绍着每一位来宾，然后又郑重地向客人介绍说："这位是誉满京城、年少有为的王粲——王铁笔，老夫不如他啊!"

客人们都对王粲这样一个未见有何出奇之处的年轻人有些半信半疑，于是私下议论道："这人小小的年纪能有什么本事，以蔡大人的地位和威望，对他这样礼遇，有些太过分了。"

就在大家议论纷纷的时候，王粲落落大方地走到众人面前谦恭地说："蔡大人刚才的一番话，实在是对晚生的溢美之词，小生才疏学浅，请各位前辈、同人不吝赐教。"

由于前辈的大力推挽，王粲又结识了许多朋友，后来成为"建安七子"之一。把鞋穿倒了这件趣事，不但没有人指责蔡邕衣冠不整，反而被传为礼待嘉宾的佳话。

宾至如归的接待礼

【原文】

宾至如归，无宁灾患，不畏寇盗，而亦不患燥湿。

——《左传》

【译文】

客人到这里就像回到自己家里一样。没有什么灾患，不怕抢劫偷盗，也不担心干燥潮湿。

礼 仪 之 道

接待客人是日常工作中最基本的内容之一。在接待过程中应该体现热情、周到、礼貌的接待礼仪，目的是让客人有受到尊重和宾至如归的感觉，从而更好地树立本组织职员和组织的良好形象，同时可增进与其他组织之间的友谊，以便加强合作。

在组织的发展过程中，同行业间的学习交流、上下级间的参观考察都涉及接待工作的安排。在迎来送往的接待工作中，确定接待规格是做好接待工作的基础。

对等接待，是指接待方的最高职位者与来宾的最高职位者平级，同时双方主管的业务对口。这是接待工作中经常采用的接待规格。

高格接待，是指接待方的最高职位者比来宾的最高职位者职位高。高格接待表明接待方对来宾的重视与友好。

低格接待，是指接待方的最高职位者比来宾的最高职位者职位低的接待。如上级领导或主管部门领导到基层视察时。

确定接待规格应考虑以下因素。

（1）双方的关系。当来访事关重大或主人一方非常希望发展与对方的关系时，往往用高规格接待。

（2）客观情况对接待规格的影响。如应出面接待的正职出差或生病，只能采用低规格接待。遇到这类情况，应主动向客人解释和道歉。

（3）接待惯例。对以前接待过的客人，接待规格最好参照上一次的标准。

对来访者，应起身握手相迎，对上级、长者、客户来访，要起身上前迎候。对于不是第一次见面的同事、员工，可以不起身。

不能让来访者坐冷板凳。如果自己有事暂不能接待来访者，要安排助理或相关人员接待客人，不能冷落了来访者。

认真倾听来访者的叙述。来访者都是有事而来，因此要尽量让来访者把话说完。

对来访者的意见和观点不要轻率表态，应思考后再做答复，对一时不能作答的，要约定一个时间后再联系。对能够马上答复的或可立即办理的事，应当场答复，迅速办理，不要让来访者等待或再次来访。

正在接待来访者时，有电话打来或有新的来访者，应尽量让助理或他人接待，以避免中断正在进行的接待。

对来访者的无理要求或错误意见，应有礼貌地拒绝，而不要刺激来访者，使其尴尬。

要结束接待，可以婉言提出借口，也可用起身的体态语言告诉对方。

接飞机时依据贵宾搭乘的飞机班次，掌握前往机场的时间，务必要在飞机抵达前先到达机场，并备好贵宾的照片。接待人员应先行以海报纸清楚写出贵宾姓名，在前往接机之前，粘好信息板，在确定该班飞机已抵达，便可由接待人员拿着，以提醒贵宾注意。

家风故事

子产拆墙献礼，巧长郑国志气

公元前542年春秋时期，郑国的大夫子产奉郑简公之命出访晋国，带去许多礼物。当时，正遇上鲁襄公逝世，晋平公借口为鲁国国丧致哀，没有迎接郑国使者。子产就命令随行的人员，把晋国宾馆的围墙拆掉，然后赶进车马，安放物品。

晋平公得知这一消息后吃了一惊，派大夫士文伯到宾馆责问子产。士文伯说："我国是诸侯的盟主，为保障来宾安全，特意修建了这所宾馆，筑起厚厚的围墙。现在你们为什么要把围墙拆了呢?"

子产回答说："我们郑国是小国，需要向大国进献贡品。这一次我们带了从本国搜罗来的财产前来朝会，偏偏遇上你们的国君没有空，也不知道觐见日期。我听说过去晋文公做盟主的时候，自己住的宫室是低小的，接待诸侯的宾馆却造得又高又大。宾客到达的时候，事事有人照应，能很快献上礼品。宾客不懂的，他给予教导，宾客有困难的，他给予帮助。宾客来到这里就像回到自己家里一样。可是，现在晋国铜鞮山的宫室方圆有好几里，而让诸侯宾客住的却是奴隶住的屋子。门口进不去车子，接见又没有确切的日期。我们不能翻墙进去，如果不拆掉围墙，这些礼物会日晒夜露，等交了礼物，我们愿意修好围墙再回去。"

士文伯把情况报告了晋平公，平公感到惭愧，马上接见子产，隆重宴请，给予丰厚的回赠，并下令重新建造宾馆。

惺惺相惜的送客礼

【原文】

是以君子恭敬、撙节、退让以明礼。

——《礼记》

【译文】

君子要恭敬也要对自己的行为有所抑制，知道退让才算明白真正的礼。

礼仪之道

送客是整个接待工作中的最后一个环节。送客工作做得好，可以强化组织或个人的良好印象；做得不好，则可能前功尽弃，功亏一篑。因此，要高度重视送客工作，给他人留下一个完整的好印象。

客人起身告辞时，主人一般都要婉言相留；客人执意要走，主人则应该起身送客，根据与客人的关系不同，或送到门口，或送到村口、路口，甚至有"长相送"的。《三辅黄图·桥》云："霸桥在长安东，跨水作桥，汉人送客至此桥，折柳赠别。"可见汉代就有送客人到霸桥才分手的礼俗。"折柳"后来成为典故，历代吟咏不绝。

送客时，不论是送至电梯、还是门口或车站，都要挥手道别，而且要等客人走远时再回接待室，给人一种依依不舍的情感，而且要有礼貌地说"再见"，或对远地客人祝福"一路平安""到了住地请写信""以后请再来""向××问好"等，以示亲切和牵挂的心情。

送客时不要坐着不动，或是只点头表示向客人道别，这样会使客人觉得是摆架子，不懂礼貌。送客时也不能频频看表，心不在焉，或者东张西望，好像在等什么人似的，这样会让客人觉得耽误了你的时间，而内心感到不安。

来客如果带着礼物前来拜访，临走之前，留下礼物，主人应主动、真诚地表示感谢。如果相互之间比较熟悉，礼物又不十分贵重，可以在道谢之后双手接过欣然收下。如果礼物比较昂贵，应该婉言推辞。对出于某些考虑不便收下的礼物，要坦率地谢绝馈赠并说明原因。

送客时，要目送客人远去，如果客人回头招呼，主人应举手示意，频频点头。如果是送进电梯，则要等电梯门关上再走，不要刚和客人握手道别，马上转身就走。出门时，更不要马上关门，而且把门关得很响，或者马上把室内的灯熄灭，或站在门外议论客人，这容易引起客人的反感，产生误解。

如果到车站、码头、机场送客，则要事先为客人买好车票、船票、机票。如果送客时下雨，应为来客提供雨伞、雨鞋等必要的雨具。应注意提醒客人别忘了随身所带的物品，对客人所带的分量较重的物品，应帮助提拿，一直到分别为止。天气酷热与寒冷时，应提供解热、保暖的饮料、水果、点心与物品，以帮助客人在途中饮用与驱寒、解热。

亲切而有礼貌地送客道别给客人留下深刻的印象，也能显示出接待人员良好的礼仪修养。

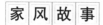

端茶送客

据清代末期朱德裳《三十年见闻录》记载：一个新上任的县令于炎夏之时前去拜谒巡抚大人，按礼节不能带扇子。这位县令却手执折扇进了巡抚衙门并且挥扇。巡抚见他如此无礼，就借请他脱帽宽衣之机把茶杯端了起来。左右侍者见状，立即高呼"送客"。县令一听，连忙一手拿着帽子，一手抓着衣服，狼狈地退了出去。这个故事反映了当时清代官场上盛行的风俗"端茶送客"。那时，下属拜见上司，上司虽让侍者泡茶相待，但大都不喝。当上司举起茶杯做欲喝状时，则是下"逐客令"的表示，侍者会立刻高呼"送客"。当然，清代官场上的客来上茶，坐久了也是可以喝的，但须上司举手称"请茶"且上司先饮，下属才能端茶品饮。

情意暖暖的往来礼

【原文】

礼尚往来，往而不来非礼也；来而不往，亦非礼也。

——《礼记》

【译文】

礼制崇尚来往。有往无来不合礼仪，有来无往也不合礼仪。

礼仪之道

馈赠礼品要重视其情感意义。礼品作为友好的象征物，其意义并不在礼品本身，而在于通过礼品所传达的友好情意，这是馈赠礼品的基本思想，所谓"千里送鹅毛，礼轻情义重"。情义是无价的，是无法用金钱来衡量的。"烽火连三月，家书抵万金。"同样说明"情"的价值，丝毫也不夸张。送礼要与受礼者的经济状况相适合，中国人历来有"礼尚往来"的习俗，若受礼者的经济能力有限，当接到一份过于贵重的礼品时，其心理负担一定会大于受礼时的喜悦，尤其当我们有求于对方的时候，昂贵的厚礼会让人有以礼代贿的嫌疑，不但加重了对方接受这份礼品的心理压力，也失去了平等交流的意义。

送人礼品，与做其他的许多事情一样，是最忌讳"老生常谈""千人一面"的。选择礼品，应当精心构思，匠心独运，富于创意，力求使之新、奇、特。赠送具有独创性的礼品给人，往往可以令其耳目一新，既兴奋又感动，因为这等于是"特别的爱献给特别的你"。真是这样的话，赠送者在对方心目中往往也会因此"升值"。

挑选礼品时，特别是在为交往不深或外地人士和外国人挑选礼品时，应当有意识地使赠品与对方所在地的风俗习惯一致，在任何情况下，都要坚决避免把对方认为属于不合习俗的物品作为礼品相赠，这样才表明尊重交往对象。如在我国大部分地区，老年人忌讳发音为"终"的钟，恋人们反感发音为"散"的伞；阿拉伯地区严禁饮酒；在西方不宜送人药品。因此在涉外交往中，要根据不同国家、地区的习惯与个人的爱好做些必要的选择，"赠礼问俗"是我们不能忽视的，这也是一个重要标准。1972年，尼克松总统准备访华，急于寻求能代表国家的礼物。美国保业姆公司闻讯后，趁此良机，向尼克松总统献上公司生产的一尊精致的天鹅群瓷器珍品，因为瓷器的英文china，也具有"中国"的意思，尼克松一见，大喜过望，于是把这尊具有双重意义而且具有很高艺术价值的瓷器珍品带到了中国。

107

第四章 宾至如归：待客礼仪

一、馈赠礼品的场合

1.表示谢意敬意

当我们接受他人或某个组织的帮助之后应当表示感谢，如某位医生妙手回春治愈了我们多年的顽症，某个组织为我们排忧解难等。此时为表示感谢和敬意，可考虑送锦旗，并将称颂之语书写在锦旗上。

2.祝贺庆典活动

当友人和其他组织适逢庆典纪念之时，如某公司成立二十周年纪念，为表示祝贺，可送贺匾、书画或题词，既高雅别致又具有欣赏和保存价值。

3.公共关系礼品

开展公共关系活动中所送的礼品要与公共关系活动的目标一致，并且送礼的内容与送礼的组织形象是相符的。例如，上海大众汽车公司赠给客人的桑塔纳汽车模型，上海大中华橡胶厂精心设计研制的轮胎外形的钢皮卷尺等。

4.祝贺开张开业

社会组织开张开业之际，都是宣传自身、扩大影响的好机会，一般来讲，都是要借机大肆宣传一番的。因而适逢有关组织开张开业之际，应送上一份贺礼，以示助兴和祝愿。一般选送鲜花贺篮为多，在花篮的绸带上写上祝贺之语和赠送单位或个人的名称。

5.适逢重大节日

春节、元旦等节庆日都是送礼的旺季，组织可向公众、员工等适时地送上一份小小的礼物，对他们给予组织工作的关心和支持表示感谢，并希望继续得到他们的帮助。亲朋好友之间也可通过节日联络感情。此时也可选择适宜的礼品相赠。

6.探视住院病人

公司的客人、员工生病或亲友患病住院，均应前去探视，并带上礼品。目前探视病人的礼品也不断地从"讲实惠"到"重情调"。以往送营养品、保健品，如今变为用多种水果包装起来的果篮、鲜花。有一位教授住院，学生送他一束鲜花，夹在鲜花中的一张犹如名片大小的礼卡上，写着这样的话语："尊敬的导师，花香带来温馨的祝福，愿您静心养病，早日康复。您的弟子赠。"字里行间充满了关切之情和师生之意。

7.应邀家中做客

我们经常会应邀到别人家中做客或者出席私人家宴。为了礼尚往来，出于礼貌，应带些小礼品。如土特产、小艺术品、纪念品、水果以及鲜花等。有小孩的可送糖果、玩具之类。

8.遭受不测事件

世上难有一帆风顺之事，一个家庭或组织遇上不测事件之时，及时地送上一份礼物表示关心，更能体现送礼者的情谊。如对方遇上火灾、地震等灾难，马上去函或去电表示慰问，也可送上钱款相助。

二、赠送礼品的礼仪

1.精心包装

送给他人礼品，尤其是在正式场合赠送与人的礼品，在相赠之前，一般都应当认真进行包装。可用专门的纸张包裹礼品或把礼品放入特制的盒子、瓶子里等。礼品包装就像穿了一件外衣，这样才能显得正式、高档，而且还会使受赠者感到自己备受重视。

2.表现大方

现场赠送礼品时，要神态自然，举止大方，表现适当。千万不要像做了"亏心事"一样手足无措。一般在与对方会面之后，将礼品赠送给对方时应起身站立，走近受赠者，双手将礼品递给对方。礼品通常应当递到对方手中，不宜放下后由对方自取。如礼品过大，可由他人帮助递交，但赠送者本人最好还是要参与其中，并援之以手。若同时向多人赠送礼品，最好先长辈后晚辈、先女士后男士、先上级后下级，按照次序，有条不紊地进行。

3.认真说明

当面亲自赠送礼品时要辅以适当的、认真的说明。一是可以说明因何送礼，如若是生日礼物，可说"祝你生日快乐"；二是说明自己的态度，送礼时不要自我贬低，说什么"没有准备，临时才买来的""没有什么好东西，凑合着用吧"，而应当实事求是地说明自己的态度，比如"这是我为你精心挑选的""相信你一定会喜欢"等；三是说明礼品的寓意，在送礼时，介绍礼品的寓意，多讲几句吉祥话，是必不可少的；四是说明礼品的用途，对较为新颖的礼品可以说明礼品的用途、用法。

三、接受馈赠的礼仪

1.受礼坦然

一般情况下，对于对方真心赠送的礼物不能拒收，因此没完没了地说"受之有愧""我不能收下这样贵重的礼物"这类话是多余的，有时还会使人产生不愉快的感觉。即使礼物不称心，也不能表露在脸上。接受礼物时要用双手，并说上几句感谢的话语。千万不要虚情假意，推推躲躲，反复推辞，硬逼对方留下自用；或是心口不一，嘴上说"不能接受，不能接受"，手却早早伸了过去。

2.当面拆封

如果条件许可，在接受他人相赠的礼品时，应当尽可能地当着对方的面，将礼品包装当场拆封。这种做法在国际社会是非常普遍的。在启封时，动作要井然有序，舒缓得当，不要乱扯、乱撕。拆封后不要忘记用适当的动作和语言，显示自己对礼品的欣赏之意，如将他人所送鲜花捧在身前闻闻花香，然后再插入花瓶，并置放在醒目之处。

3.拒礼有方

有时候，出于种种原因，不能接受他人相赠的礼品。在拒绝时，要讲究方式、方法，处处依礼而行，要给对方留有退路，使其有台阶可下，切忌令人难堪。可以使用委婉的、不失礼貌的语言，向赠送者暗示自己难以接受对方的好意，如当对方向自己赠送一部手机时，可以告之："我已经有一台了。"可以直截了当地向赠送者说明自己难以接受礼品的原因。在公务交往中，拒绝礼品时此法最为适用，如拒绝他人所赠的贵重礼品时，可以说："依照有关规定，你送我的这件东西，必须登记上缴。"

4.还礼有理

不一定要还礼给所有送礼的人。如果送礼的人不在我们原定的送礼计划内，最好不要送礼。这种人通常和我们没有业务关系，弄不清他送礼的原因，也许是我们自己忘记了曾帮助过他，他送礼感谢。如果是这样，还礼给他，反而不近人情，因为这样会令他无法实现感谢的心愿。

千里送鹅毛

唐朝贞观年间国力强盛，各地来长安进贡的使臣络绎不绝。有一年大唐的藩国西域回纥国派使者缅伯高带了一批珍奇异宝去拜见唐太宗。

在这批贡物中，有一只罕见的白天鹅。这只白天鹅不仅十分罕见而且很是娇贵，缅伯高最担心的也是这只白天鹅。所以，一路上他亲自喂水喂食，悉心照料，一刻也不敢怠慢。

一日，缅伯高来到沔阳河边稍作休息。他看见笼中的白天鹅伸长脖子，张着嘴巴，吃力地喘息。缅伯高心中不忍，就打开笼子，把白天鹅带到水边让它喝水。缅伯高一不留神，喝足了水的白天鹅一扇翅膀飞上了天。缅伯高着急之下向前一扑，只触到白天鹅的尾巴，抓到几根羽毛。弄丢了白天鹅，缅伯高很害怕，只觉得进退两难，不知道该怎么办。思前想后，缅伯高决定继续东行，并拿出一块洁白的绸缎把鹅毛包好，又在绸缎上题了一首诗："天鹅贡唐朝，山重路更遥。沔阳河失宝，回纥情难抛。上奉唐天子，请罪缅伯高。物轻人意重，千里送鹅毛。"

缅伯高带着贡品和鹅毛，日夜兼程赶到了长安。唐太宗接见了缅伯高，缅伯高献上贡品和鹅毛。唐太宗看了那首诗，又听了缅伯高的诉说，非但没有怪罪他，反而觉得缅伯高忠诚老实，不辱使命，重重地赏赐了他。

几根鹅毛确实不是珍品，但难得的是千里相送的情意。有时候人的情感和付出会远远超越东西本身所代表的价值。

第四章 宾至如归：待客礼仪

举止文明的用餐礼

【原文】

凡饮食，须要敛身离案，毋令太迫。从容举箸，以次着于盘中，毋致急遽，将肴蔬拨乱。咀嚼毋使有声，亦不得恣所嗜好，贪求多食。安放碗箸，俱当加意照顾，毋使失误堕地。非节假及尊长命，不得饮酒；饮，亦不过三爵。

——《童子礼》

【译文】

凡是饮食，应该要约束身体，与桌子保持距离，不要让身体与桌子靠得太近。吃饭时，要从容不迫地举起筷子，按照顺序从盘中夹菜，不要急迫匆忙，以至于把菜肴拨乱。咀嚼不要发出声音，也不能放纵自己的嗜好，贪求吃很多的食物。放置碗筷，都应当小心关注，不要使碗筷不小心掉到地上。不是节假日或者尊长的要求，不可以喝酒；即使喝酒，也不能超过三杯。

礼仪之道

古代吃饭时应该注意的细节诸如：座位不可离桌子太近，夹菜时不要匆忙以致拨乱菜肴，咀嚼不可出声，不可贪吃，碗筷不要掉在地上，非特定情况不可以喝酒，即使喝酒也不能超过三杯等。这些要求至今依然是我们餐桌上的重要礼仪，而且除掉关于饮酒的内容，这些要求无论儿童还是成人，都是应该遵守的。饭，每天都要吃，而礼就在其中，所谓"道不远人"，或许正是如此。尤其是当家里宴请宾朋时，更要注重餐桌礼仪。从《礼记》中可以反观我们现今的用餐礼仪，主要包括以下几个方面。

一、餐前准备

如果饭菜还没做好，应该帮家长做些力所能及的活。在用餐前要主动帮家长做准备工作，不应坐在餐桌前，等着父母把饭菜端上来。帮助家长摆好桌凳，用干净抹布擦拭饭桌，再摆好碗筷，在饭桌上摆放筷子时，要把筷子一双双理顺，大头冲桌外，小头冲桌里，然后轻轻放在每个人的餐桌前。不要一横一竖交叉摆放，也不要一根是大头，一根是小头，筷子要放在碗的右边，不能搭在碗上。要请长辈先入席。

吃饭前要洗手。如果刚放学回来或刚运动完毕，应该先洗手洗脸再上餐桌，否则，满头大汗，满脸灰尘就用餐，不但不讲卫生，还会影响别人的食欲。要主动帮助家长盛饭端菜。盛饭时，不要盛得过满；端菜端饭时，用大拇指扣住碗或盘边，食指、中指、无名指托住碗或盘的底儿，手心空着。要注意，大拇指翘起来，不然大拇指沾到饭菜上很不卫生。端着饭菜要端稳慢走，不要让饭菜撒出来。

饭菜先端给谁，摆在什么位置，要注意按老幼宾主顺序。端饭要先端给长辈，如：先端给爷爷、奶奶，再端给爸爸、妈妈，最后端给自己，如果有客人共同进餐，要先端给客人，再按家庭辈分依次端上。端菜，要先把好吃的菜，合长辈口味的菜，摆放在靠近长辈面前的地方。即使是自己最爱吃的菜，也不能放在自己面前。有时，长辈出于疼爱，将我们爱吃的菜摆放在面前，也应礼让。

二、谦让入座

家庭用餐的入座，虽然不像参加宴会或到他人家中做客那样讲究，但也应注意一定的礼仪。

先请长辈入座。一般上座应让爷爷、奶奶或爸爸、妈妈坐，自己坐下首，即对着爷爷、奶奶或爸爸、妈妈的位置。如果爷爷、奶奶年老体弱，行动不便，应搀扶着他们入座。要按照就餐的坐姿来要求自己。坐姿要端正，两小臂靠近桌边，手臂不要横托在桌上；双手在桌上，右手持筷子，左手扶着饭碗，不要右臂在桌上，左臂在桌下；两腿靠拢，双脚平放，不要一条腿搭在另一条腿上，两腿交叠，更不能坐在桌前跷脚晃身。

如果有客人共同进餐，座次会有变动，一般是请客人坐上座。如果这时饭桌坐不下了，自己应主动坐另外的桌子前，让出座位。千万不要争座位，那样就有失礼节了。

三、文雅用餐

待用餐时不能在饭菜还未摆好上齐时，就先拿起筷子准备夹菜，或眼睛盯着饭菜，显出迫不及待的样子；更不能坐在饭桌边，一手拿着筷子随意敲打，或用筷子敲打碗碟。用餐时，让长辈先动碗筷用餐，或在听到长辈说"大家一块儿吃吧"，你再动筷，不能抢在长辈的前面。

吃饭时，要端起碗，大拇指扣住碗边，食指、中指、无名指扣碗底，手心空着。不端碗时，要注意吃相要文雅。夹菜时，不能用筷子在菜盘里翻来翻去，应从盘子靠近或面对自己的盘边夹起；不要用筷子穿刺菜肴，当餐叉使用；不要将筷子含在口中，更不能把筷子当牙签使用。如果筷子上有饭粒或菜叶，应吃干净后再去夹菜。注意夹菜时，不要让菜汤滴下来，遇到别人也来夹菜时，要注意避让，谨防"筷子打架"。一次夹菜量不要太多。喝汤时，调羹不要碰响碗盘，从外向里舀（吃西餐时则应从里往外舀），调羹就口的程度，要以不离碗、盘正面为限，千万不要把汤滴在碗、盘的外面。喝汤时不能发出响声，也不要用嘴对着热汤吹气。可先用调羹少舀一点尝尝，慢慢喝，或舀到碗里，等汤稍稍凉些再喝。不能将汤碗直接就口喝，当汤碗里的汤快喝尽时，应用左手端碗，将汤碗稍稍侧转，再用调羹舀汤，不要将汤碗端起一饮而尽。吃饭时，要闭嘴咀嚼，细嚼慢咽，这样既有利于肠胃消化，也是餐桌上的礼仪要求。绝不能张大嘴，大块往嘴里塞，狼吞虎咽，更不能在夹起饭菜时，伸出脖子，张开大嘴伸着舌头用嘴去接菜。一次不要送入口中太多的食物，这样会给人留下一个嘴馋和贪婪的印象，也不要遇到自己爱吃的菜时，就把盘子端到自己跟前或者大吃特吃，要顾及餐桌上的其他人。如果盘中的菜已不多，我们想把它吃干净，应征询一下同桌人的意见，别人都表示不吃了，才可以把它吃光。

在吃饭中途需要暂时离桌时，要将筷子轻轻搁在桌子上的碗边或碟边，不能插在饭里或放在碗上。不要用筷子指别人，在请别人用菜时，不要把筷子戳到别人面前。总之，筷子不能在餐桌上舞动。用餐的动作要文雅。夹菜时，注意不要碰到邻座，不要把盘里的菜拨到桌子上，不要把汤泼翻。不挑食、偏食，珍惜粮食不掉饭菜。嘴角沾有饭粒，要用餐纸或餐巾轻轻擦掉，不要用舌头去舔。咀嚼时，不要发出响声；口含食物时，最好不要讲话，尤其不要在用餐时开玩笑，以免口中食物喷出或口中食物呛入气管，造成危险。如果确实需要与家人谈话时，应轻声细语。

吐出的骨头、鱼刺、菜渣等，要用手取出来，放在自己面前的桌子上或专用的盘子里，不能直接吐到桌面或地面上，如果要咳嗽或打喷嚏，要用手或餐巾纸捂住嘴，并把头向后方转。吃饭时嚼到沙粒或嗓子里有痰，应离开饭桌去吐掉。

吃饭时，要主动给长辈添饭、夹菜，遇到长辈给自己添饭、夹菜时，要道谢。吃饭时精力集中，不能一边看电视或一边看书报一边吃饭，这样既不卫生，也影响食物的消化吸收，还会损伤视力。与兄弟姐妹在一起用餐时，要相互礼让，不要在吃饭时打打闹闹或边吃边玩、左顾右盼。不应随便走动，尽量少说话，使大家能在安静的环境中以良好的情绪进餐。

四、餐后清洁

用餐结束后，要轻轻放下碗筷，用餐纸或餐巾擦嘴。如果自己先吃完，要与父母或其他长辈打声招呼再离开座位。如说"爸爸，您慢慢吃"，或者说"大家请慢慢吃"等，不能一推饭碗什么话也不说就离开餐桌，这是不礼貌的。等大家都用餐完毕，应帮助家长一同收拾碗筷，擦桌子，洗刷碗筷，不能碗筷一撂，就扬长而去，或坐在一边由家人忙碌，自己无动于衷，这都是不礼貌、没有教养的表现。

家风故事

礼招祸福

在战国时期，有一个地处华北平原的小诸侯国叫中山国。中山国的国君称中山君。中山君为了拉拢地位尊贵的士大夫阶层，巩固自己的统治地位，经常大摆筵席，将住在国都的士大夫们请来参加宴会。

有一次，大帐内特制的案几上摆放着丰盛的佳肴，山珍海味，奇馔异酿，应有尽有，有一个叫司马子期的士大夫也应邀赴宴。酒过数巡，客人们喝得酒酣耳热，慢慢地已接近尾声了。这时最后一道羊肉汤端上来了，每人盛了一碗，唯独到司马子期座前，羊肉汤没有了。侍人觉得十分尴尬，满屋官员也都把目光投向了这里。司马子期坐在席间，脸色红一阵、白一阵，觉得十分难堪。此时中山君欲上前赔礼解释，未待站起，司马子期一怒之下，便退席而走了，整个宴席最后不欢而散。客人走后，中山君怏怏不乐，若有所思。

司马子期退席后，当晚就投奔到了楚国，在楚王面前说了许多中山君的坏话，劝楚王讨伐中山君，并表示自己愿意做向导。楚王被他说动了心，决计对中山国用兵。事隔几天，楚国发重兵开始攻打中山国了。

中山国国小力弱，没有多大的抵抗力，再加上司马子期做向导，楚军很快攻破了京都。中山国朝野上下纷纷各自逃命，中山君只好匆匆出逃了。

慌不择路，中山君在后花园的一条小路上正跑着时，被三个楚军看到了，很快追了上来。眼看就要被擒，在这危急关头，两个黑大汉拦住了楚军的去路。黑大汉们各执一根铁棍在手，一阵劈抡捣挑，一会便把三个楚军打得断了气。中山君从惊慌中清醒过来，定睛看了看这两个人，可他并不认识，就问道："你们到底是什么人，为什么冒着生命危险来救我呢？"

两个人把中山君带到了安全的地方，见四处无人，便并排跪在了中山君面前，齐称中山君为大恩人。中山君大惑不解，这时其中的一个人回答道："大王您还记得吗？有一年夏天，天下大旱，庄稼颗粒不收，树皮都被人扒光了充饥，饿殍遍地。有一位老人饿得躺在大路旁的桑树下，面部肿胀，眼睛都睁不开，马上就要断气了，这时恰巧您乘车从这里经过，看到树下老人的惨状，你赶紧下车拿出一壶稀饭，很有礼貌地给老人喝了，那位老人才免于一死。那老人不是别人，是我们俩的父亲。后来父亲临终时嘱咐我们兄弟俩说，'中山君救我一命，你们俩要记住，在中山君有难之时，一定要以死相护，那样我在九泉之下才能瞑目'。我们把父亲的话牢记在心。滴水之恩，当涌泉相报，我们一直等待着报答恩人的机会。听说楚人攻破了城池后，我们就来到了后花园，想大人出逃时必然经过那里。"

中山君听完了这两兄弟的诉说后，回想了好久，也没想起这件事，因为送一壶稀饭周济人算不了什么。

过了一会儿，中山君仰天长叹，感触颇深地说："失礼得罪人，怨恨不在深浅，在于使人伤心呀。我因为一碗羊汤失了礼，使得司马子期弃我而去，投奔楚国，结果招致了国破家亡之祸，险些死在楚兵的乱刀之下。给予人家的东西不论多少，主要是在他真正有困难的时候，因为一壶稀饭救了一个普普通通的人，在危难之时，却得到了两个人的以死相报，使我能够虎口脱险，起死回生。失小礼而得大祸，施小礼而蒙大恩啊！"最后这两人一直护送着中山君，把他送到了国外。

虽然这是很久以前的事了，但中山君失礼招祸、施礼得福的故事，告诉我们一个道理，谦虚、礼貌往往是人事业能否成功不可忽视的因素。

礼遇宾朋的饮酒礼

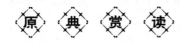

【原文】

既醉以酒，既饱以德。君子万年，介尔景福。

——《诗经》

【译文】

你的美酒我已醉，你的恩惠已饱受。祝你健康与长寿，赐你大福永不休。

礼仪之道

在古代，宴请朋友时以酒待客被称为是君子之为。唐代有"诗仙"之称的李白，以酒为题，为我们留下了许多千古的名句。可见，酒在古代的日常宴饮中是必不可少的待客之礼。现今社会也是一样，三五好友，小聚浅酌，少不了酒带来的雅兴；宾朋满座，欢聚一堂，也少不了酒带来的热情。因此，在中国的传统文化礼仪中，酒是无法逾越，甚至是不可取代的。

就整个社会各阶层、各民族而言，几千年来约定俗成，主要有以下通行

第四章 宾至如归：待客礼仪

的酒礼。

一是未饮先酹酒。酹，指酒酒于地。在签神祭祖祭山川江河时，必须仪态恭肃，手擎酒杯，默念祷词，先将杯中酒分倾三点，后将余酒洒一半圆形；这样用酒在地上酹成三点一长句的"心"字，表示心献之礼。这一习俗也适用于平常饮酒，苏轼词"一樽还酹江月"，说明他在独饮时也饮前酹酒。其他少数民族亦复如此，蒙古族人"凡饮酒先酹之，以祭天地"（孟珙《蒙鞑备录》）；苗族饮酒前通常由座中长者用手指沾酒，向天地弹酒，然后才就座欢饮。

二是饮中应干杯。即端杯敬酒，讲究"先干为敬"，受敬者也要以同样方式回报，否则罚酒。这一习俗由来已久，早在东汉，王符的《潜夫论》就记载了"引满传空"六礼，指要把杯中酒喝干，并亮底给同座检查。明代冯时化的《酒史》，记述了苏州宴客"杯中余沥，有一滴，则罚一杯"。如实在酒量不济，要婉言声明，并稍饮表示敬意。另外，为客人斟酒应从长者开头；接受主人敬酒要双手扶杯；接受长者斟酒更应一边扶杯，一边微微欠身；与人碰杯时注意要比对方酒杯端得低些，以示尊敬。

三是酒令以助兴。酒令是我国特有的宴饮的艺术，是我国酒文化的独创。它用来活跃气氛，调节感情，促进交流，斗智斗巧，提高宴饮的文化品位。通行的情况是：与席者公推一人为令官，负责行令，大家听令；违令者、不能应令者，都要罚酒。令分游戏令、赌赛令、文字令三大类。游戏令包括传花、猜谜、说笑话、对酒筹等（即据酒筹上所刻文字限定罚酒人）；赌赛令包括投壶、射箭、掷骰、划拳、猜枚等；文字令包括嵌字联句、字体变化、辞格趣引等。另外，文字令还分捷令与限时令，捷令要求令官倡令后斟酒至某人处时即刻应令；限时令用点香、奏乐等方式限定时刻，到时不能接令，则按例罚酒。

除此之外，古代人饮酒时还有一些其他特别讲究的礼节，如：主人和宾客一起饮酒时，要相互跪拜。晚辈在长辈面前饮酒，叫侍饮，通常要先行跪拜礼，然后坐入次席。长辈命晚辈饮酒，晚辈才可举杯；长辈酒杯中的酒尚未饮完时，晚辈也不能先饮尽。

在酒宴上，主人要向客人敬酒（叫酬），客人要回敬主人（叫酢），敬酒时还要说上几句敬酒辞。客人之间相互也可敬酒（叫旅酬）。有时还要依次向人敬酒（叫行酒）。敬酒时，敬酒的人和被敬酒的人都要"避席"，起立。普通敬酒以三杯为度。

而在现今社会，常见的饮酒过程中，斟酒、祝酒、干杯应用最多。下面，我们就简单地说说斟酒和敬酒的礼仪。

一、斟酒

通常男主人为表示对来宾的敬重、友好，会亲自为客人斟酒。在男主人亲自斟酒时，客人必须端起酒杯致谢，必要时还须起身站立，或欠身点头为礼。主人为来宾所斟的酒，应是最好的酒，并应当场启封。斟酒时要注意三点：首先，要面面俱到，一视同仁，不要有挑有拣，只为个别人斟酒；其次，要注意可以依顺时针方向，从自己所坐处开始斟酒；第三，斟酒需要适量。白酒与啤酒均可以斟满，而其他洋酒则无此讲究。

二、敬酒

敬酒，亦称祝酒。它具体指的是，在宴会上，由男主人向来宾提议，为了某种事情而饮酒。在敬酒时，通常要讲一些祝福的话。许多人敬酒的时候，苦恼敬酒词，不知道应该怎么说才能够得体，通常来说，敬酒词可以从以下几个方面来考虑：

首敬法。即从敬酒对象中找出"第一"来作为敬酒之理由。如第一次相逢、第一次一起吃饭等。即使不是人生第一次，还可以根据具体情况加上定语：如今年第一次见面、这个月第一次、荣升以后第一次、在某地第一次、在座的相聚在一起的第一次、出差中的第一次等。总之，想方设法总能够找到几个第一的。

解缘法。即以"有缘千里来相会，无缘对面不相识"为由的敬酒之法。人这一生是短暂的，大千世界，人海茫茫，大家能够相识，并同在一个酒桌上喝酒，这本身就是一种缘分。人生得酒须尽欢。为了这个缘分，大家也得干一杯。

求同法。"同类相从，同声相应"，从对方身上找到和你相同的地方：如同学、同事、同乡、同籍贯、同属相、同姓氏、同名、同年龄、同月份、同生日、同星座、同年代、战友、校友、同职位、同工作性质、同经历、同观点、同兴趣爱好、同出国、同出差……以此为由敬酒。

取异法。在求同的同时，要善于发现被敬对象的与众不同之处，把这

119

第四章　宾至如归：待客礼仪

"万绿丛中一点红"找出来。如年纪最长、年纪最小、资格最老的、级别最高的、最有发展前途的、最漂亮的、最潇洒的、歌唱得最好、文章写得最好、最会做人的、唯一的女性、唯一的男性等，寻找独特之处，显出对对方的尊重。

扬长法。"三人行，必有我师焉。"敬酒的人，要善于看到别人的长处。你完全可以找出对方身上之长处，以己之短，度其之长，以赞美、崇拜的语言来敬酒。你的赞美、崇拜之词，一定能够打动被敬对象。

递进法。一是喜事双至。任何被敬对象，在敬过酒之后，都可采用此法再敬之；二是酒逢知己千杯少。敬酒也要一鼓作气，再接再厉。这个时候，也可以使用善意的谎言，只要能够让对方喝得尽兴，喝得开心就行，但千万不要让朋友喝醉了。

感恩法。人这一生都是在受恩之中成长的。我们受的恩有父母养育之恩、老师滋育之恩、领导培养之恩、朋友帮助之恩、萍水相逢相伴之恩……做人也要学会感恩，以敬酒来谢恩，谁都不能拒绝。对于和自己平常联系少的人，也可以代替自己的亲戚、朋友以感恩之由敬之。

祝愿法。酒过三巡，菜过五味，到了快结束的时候，可以以良好的祝愿来敬酒。结合被敬对象的实际情况说些良好的祝愿。如是生意人，可祝其生意兴隆；若是老人，则可祝其健康长寿；若是新婚夫妇，则可祝其百年好合。

家 风 故 事

礼酒待宾

汉高祖刘邦有个弟弟叫刘交，被封为楚元王。他十分敬重贤德之人，每每优待文人雅士，是个礼贤下士的君主。

当时，刘交的周围有许多满腹经纶的学者，其中申公和穆生是最有影响的两位，也是刘交最敬重的两位。每次刘交在宫中设宴都亲自邀请二位学者，并为他们备好所需的一切。可申公和穆公偏偏不喜欢喝酒，每次只是象征性地表示一下，可元王从来没有因此而撤去酒盏。

这一天，元王府又大摆宴席招待宾客。申公和穆生再次应邀而来，席间，刘交再一次为二位学者斟满酒杯，这时穆生起身说道："王爷每次都亲自为我们斟酒，这样我们心里很不安，本来我们不会饮酒，就有些失礼，您还这样真诚地厚待我们，以后就不要为我们设酒杯了。"

楚元王连忙说："两位学者不必拘礼，我为你们设礼酒，是表示我的敬意。你们不胜酒力，可以少饮或不饮，但我却不能不为你们斟满，因为你们的才学实在令我尊敬与佩服，希望你们好好报效国家。"

就这样楚元王对申公和穆生始终以礼相待，直到去世。元王的儿子王戊继位后，也继承了父亲礼贤下士的传统作风，每次宴客必定躬请二位老先生。而且专门为他们准备了一种较为温和的礼酒。申公、穆生十分感激父子君主的知遇之恩。但这种破格的礼遇，又常常使他们深感不安和愧疚。

有一次，王戊宴请朋友，因为请来的客人很多，一时竟忘了二位老先生，等看到他们二人时，才猛然想起忘记备礼酒之事。为了表示歉意，王戊亲自为他们安排座位，并歉疚地说："今天客人太多，一时竟忘了礼酒，还请二位先生包涵。"接着忙吩咐仆人去拿酒，好生款待。席将散时，王戊又亲自跑来询问二位用得如何，并再次表示歉意。

还有一次，穆生他们因事来晚了，宴会的时间已经到了，他们俩很着急，怕影响主人的安排。可谁知主人竟一边与客人们交谈，一边拖延开宴的时间，直到他们来了，才正式宣布宴会开始，一点也没有不高兴的意思。参加宴会的人见这两位先生面子如此之大，猜测他们有来头，或许是皇亲国戚也未可知。当主人介绍说他们是两位学者时，大家都面面相觑，觉得不可思议。后来日子久了，见面的次数多了，人们才从交谈中发现他们谈吐不俗，礼仪周全，很快成为宴会的中心人物，常常是主人被冷落在一旁，来客们众星捧月一般，簇拥着申公和穆生二人侃侃而谈，从商汤、文武兴起，谈到桀、纣亡国；从周公吐哺，天下归心，谈到秦暴政二世而亡。王戊甘当小学生，从未见有什么不悦，而是欣然地注视着他们。也有人不解地问："您为什么如此优待这两个人，是他们有恩于您吗？"

王戊笑笑说："为什么一定要有恩于我呢？大家交个朋友，况且先父生前一贯教导我要知书达理，尊重贤人，他们都是德高望重的长者，难道不该获得这样的礼遇吗？"

第四章　宾至如归：待客礼仪

刘交父子设礼酒优待贤士的故事就这样成为美谈，从而使一大批有识之士纷纷投奔楚国，为楚国的强盛做出了贡献。

　　孔子说过："礼云礼云，玉帛云乎哉？"意思是说，礼不仅仅是珍贵物品的馈赠。楚元王父子的礼酒，杯中盛的是发自内心的敬重，比任何美酒都更甘醇，更沁人心脾。

第五章

友好往来：处世礼仪

处世之道自古以来就是一门既深奥又复杂的学问，能学好这门功课，就能游刃有余地立足于世，和人们处理好关系。通过对经典圣训的品读，我们不仅可以了解古代"礼"对于人们处世的指导和规范意义，同时还可以借鉴许多关于先贤们处世的态度、方法以及立场，让我们更好地立足于当今之世。

处世做人知礼仪

【原文】

凡人之所以为人者，礼义也。

——《礼记》

【译文】

人之所以成为人，是人懂得礼仪。

礼 仪 之 道

礼是古代有德者一切正当的行为方式的汇集，是伴随中国阶级、国家的形成而形成的，是为了协调权力和财富分配中的矛盾关系而出现的，在夏商周有很大的发展，逐步达到成熟期，且在周公姬旦治理社会时期得到总结、提炼与补充，形成若干条文规定，并注入德的精神内涵，借助国家的力量，在国家意志的支配和影响下加以广泛应用，使之渗透到社会各个层面，统摄人们的行为。于是，礼便成为以义理为基础的行为规范，同时也是古代中国人文精神的集中表现，是中国文化的一大表证。

其一，礼是人类有别于禽兽的标志。能思维、能说话、能利用工具劳动，这些都不足以区分人与动物。有责任感的圣人出来，依照人类心智的发展规律，缘人情而制礼，并举行仪式活动，用来教化芸芸众生，规范人的行为，要人们自觉地与禽兽相区别。从个体而言，人与禽兽皆属动物，但动物只可以驯化，不可以用礼来教化，故人的进化已进入高等阶段，虽然与动物一样都具有动物属性，却有心智高低的区别，人成为万物之灵后，就难以与其他动物等同。

其二，礼是文明与野蛮的区别所在。人类的进化经历了漫长的过程，至少走过蒙昧、野蛮到文明的重要过程。蒙昧期无礼可言，野蛮期则不知礼，只有进入文明期的人才学礼、知礼、行礼，个体才自觉接受礼的约束，以裨益于立身处世。而生活于文明期却不讲礼的人，没能提升自己的文化素养，自然就倒退到野蛮状态，与人格格不入，甚至戕害生命，危害社会。

其三，礼是自然法则在人类社会的体现。人类生活于天地之间，要遵循自然法则，顺应四季变化、阴阳交替，故而昼兴夜伏，动静有常，春耕秋收，采伐有度。人类只有遵天道而行之，谐天地而存之，才能始终保持朝气，以尽其天年，延其子嗣，繁衍生息。

其四，礼是人的行为准则。人际交往，贵在懂得尊重对方，以此获得对方的以礼相待。《大学》中说："自天子以至于庶人，一是皆以修身为本。"视天子与庶人一律平等。因此，家庭、学校和社会三位一体的教育，最终目标是将人培养成知书达理的人，使之学礼而能立身，在社会中得到应有的尊重。

其五，礼是人类社会的伦理秩序。人类的社会关系十分繁杂，始终存在上下、长幼、贫富、贵贱之分别，但其有内在的关联与转换关系。儒家将人类的社会角色划归为夫妇、父子、兄弟、君臣、朋友五种关系，并明确指出夫妇有别，父子有亲，长幼有序，君臣有义，朋友有信。人类遵照礼制，将这五种关系处理好，上明下顺，社会就会有序运作；区域不同、种族不同、家庭不同、受教育程度不同、职司不同的各色人才才会长期和平共处。反之，人心迷乱，灾祸横生，社会就会紊乱。朱熹考察古代社会的伦理秩序，得出"古之君臣所以事事做得成，缘是亲爱一体"（《朱子语类》卷八十九）的见解。

其六，礼是一切社会活动的准则。国有国之礼，邦有邦之礼，乡有乡之礼，家有家之礼，士有士之礼，循礼而行，这是社会文明的表现。人类的行为必须有个共同规范，那就是遵礼而行。《礼记·曲礼》中言："道德仁义，非礼不成。教训正俗，非礼不备。分争辨讼，非礼不决。君臣、上下、父子、兄弟，非礼不定。宦学事师，非礼不亲。班朝治军，莅官行法，非礼威严不行。祷祠祭祀，供给鬼神，非礼不诚不庄。是以君子恭敬撙节，退让以明礼。"通过礼治的办法来调整社会关系，沟通、协调与合作，缓解矛盾冲突，从而维持社会秩序。自古以来，社会秩序的建立，大致是由习俗而礼教，进而有国法。而中国古代法典，与礼形影相随，一切社会活动，也就不能离开礼的指导与规范。

其七，礼是宗法、家法。宗法是按血统远近区别亲疏的法则，明晰权力地位、财富分配，弘扬祖先美德、氏族精神，劝人向善、标榜做人准则，其本质是道德教化，其目的是齐家荣族；家法是一个家庭所规定的行为规范，一般是由一个家族所遗传下来的规范教育后代子孙。这些宗法家规，一般都会写进谱牒，是家教的蓝本，由族人共同遵守。族人越礼，会受到告诫，不慎作坏，会受到相应的惩处。

其八，礼是国家典章制度。治理国家要顺从人道，敬天保民，明德慎罚，故周公制礼作乐，确立国家纲纪，并设职官治国安邦。后世制定官制，分省列部共同管理国家，皆缘起于《周礼》。而对帝王将相和地方政府官员的考核与荐举，也要依礼而行，重在尚贤使能，无德者不能尸位晋爵。古代有"刑不上大夫"，又有"为尊者讳"，但礼的约束却不能缺位，也就是制约、监督不能缺位，否则，统治集团内部无礼之约束就无法形成合力，社会管理就会无法运作，社稷安宁就无法实现。

其九，礼是抵御佛道浸染的力量。中国有多种宗教存在，但至今未成为宗教的国度，其功归于儒家思想对本土道教、外来佛教的吸纳与抵御，因为社会精英阶层受教育取决于儒家思想，且忠君爱国的思想根深蒂固。可以说中国的社会格局，几乎是都儒家设计的，历宋元明清数百年而少有大变动，尽管时代不同，人事变化，起主导作用者，仍是儒家。

其十，礼是抗击列强侵吞的精神。外国列强称霸世界，觊觎中国，侵略中国，中国人民始终都能奋起抗击，一致对外，保家卫国，靠的是中华民族所具有的凝聚力。而中国文化中的和平主义精神，很大程度上来源于中华民族浓厚的尚德传统。

此外，儒家的礼还有同化力，如契丹族所立辽国、女真族所立金国、蒙古族所立蒙古汗国及元朝、满族所立清朝，统治集团在保持本民族之礼的同时，不得不修习汉礼，以汉礼来协调其与汉民族的关系，故而即便在少数民族统治中国的时期，汉文化也没有停止发展的步伐，中华文明一直在延续。儒家的礼还有向心力，是维系海内外炎黄子孙民族情感的文化纽带。

儒家将礼与人类社会结合起来考察并将之提升至社会法制的层面，逐步形成了一个完整的礼制体系，使之具有约束力、向心力和同化力。可以说，礼是人类的规范和准则，是修养和文明的象征，是社会运行的秩序，又是社会控制的手段。换言之，礼是无处不在、无所不包的社会生活的总规则，小到个人的修身接物，大到国家的制度法纪，都能以"礼"统之。礼对个人、社会、国家都有约束力，只要有人类的存在，就不会失去应有的作用。即便在法律十分健全的情况下，国家的治理，社会的稳定，家庭的和睦，个体的尊严，都离不开道德自律。时代有更迭，人事有变迁，礼仪有废兴。但离开礼的约束，率性放纵，小则缺德丧身，大则失德亡国，这是铁定的历史结论。

中国的礼是集体智慧的结晶，各个时期，都有人自觉地参与建设，积极推进礼文化，但在历史上，以周公、孔子与朱子三人的贡献最为突出，而以朱熹最为宏博。周王朝建立之后，在周公姬旦主持下，对以往夏礼和商礼进行改造，将宗法传统习惯进行补充、整理，制定出一套以维护宗法等级制度为中心的行为规范以及相应的典章制度、礼节仪式。这次制礼的内容非常广泛，大到国家的政治制度，小到个人的日常行为都有详细规定。通过周公制礼，统治阶层力图使西周的社会制度、国家制度和人们的生活以及思想，都要符合礼的要求，做事以礼为准则。

家风故事

孔子"庭训"的故事

有一天，孔子正站在庭院里，他的儿子孔鲤从他面前恭恭敬敬地走了过去，他把鲤叫住，问他："今天学诗了吗？"鲤回答说："没有。"孔子说："不学诗，你怎么能把话说明白呢？"鲤说："是。"然后从父亲面前恭恭敬敬地退回自己的房间，学诗去了。

又有一天，孔子又站在庭院里，鲤又恭恭敬敬地从他面前走了过去，他又把鲤叫住，问他："你学礼了吗？"鲤回答说："没有。"孔子说："不学礼，你怎么能学会做人呢？"鲤说："是。"然后，又从父亲面前恭恭敬敬地退回自己的房间，学礼去了。

孔子有一个弟子对于孔子教育孩子的方法很好奇，于是就问鲤："你父亲平时都私下里教你些什么呢？"鲤说："没有啊，父亲从来没有单独教过我。"那个弟子不死心，又接着问："那你父亲平时都对你说过什么呢？"鲤想了想说："就是有一次他要我回去读诗，说如果不学诗，就不能把话说明白。还有一次，他要我回去读礼，他说如果不学礼，我将来就学不会做人。"那个弟子听了终于恍然大悟。

这就是《论语》中"庭训"的故事，孔子的两次问话，被后人称为"过庭语"。

和谐生活知礼和

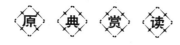

【原文】

礼之用，和为贵。

——《论语》

【译文】

说礼的应用，以和谐为贵。

礼 仪 之 道

"和"是儒家所特别倡导的伦理、政治和社会原则。《礼记·中庸》写道："喜怒哀乐之未发谓之中，发而皆中节谓之和。"杨遇夫《论语疏证》写道："事之中节者皆谓之和，不独喜怒哀乐之发一事也。和今言适合，言恰当，言恰到好处。"孔门认为，礼的推行和应用要以和谐为贵。但是，凡事都要讲和谐，或者为和谐而和谐，不受礼节的约束也是行不通的。这就是说，既要遵守礼所规定的等级差别，相互之间又不要出现不和。孔子在这里提出的这个观点是有意义的。在当时，各等级之间的区分和对立是很严格的，其界限丝毫不容紊乱。上一等级的人，以自己的礼仪节文显示其威严；下一等级的人，则怀着畏惧的心情唯命是从。但到春秋时期，这种社会关系开始破裂，臣弑君、子弑父的现象已属常见。对此，有人提出"和为贵"之说，其目的是缓和不同等级之间的对立，使之不至于破裂，以安定当时的社会秩序。

但从理论上看待这个问题，我们又感到，孔子既强调礼的运用以和为贵，又指出不能为和而和，要以礼节制之，可见孔子提倡的"和"并不是无原则的调和，这是有其合理性的。

礼的作用就是调节自我与他人之间的关系，增加人的文明性，减弱竞争的残酷和剧烈，提高社会和谐度。有时候，一声"对不起"便能化解剑拔弩张的冲突；一句"不要紧"，便能给人送去一阵温暖的春风。

俗话说，不立规矩，不成方圆，家有家规，校有校规，国家有法律来限制每个人的行为，这些都是"礼制"的表现，只有遵循了这些礼制，才能成为一个知礼的人，才能成为一个可塑之才。

生活中难免会与人有口舌之争，聪明的人会以和为贵，尽量避免争论，赢得别人的好感。敬人者，人皆敬之；爱人者，人皆爱之。"和"不但是人生追求的目标，而且是整个社会追求的最高境界，需要我们从一点一滴做起。

家 风 故 事

与人交往，以和为贵

司马徽是东汉末期的名士，他很善于发现和鉴别人才，因此人称"水镜先生"。他曾推荐过庞统给刘备。因避战乱，司马徽移家荆州。荆州当时是在刘表的统治下，洞达世事的司马徽看出刘表为人懦弱、不明事理，而且妒贤嫉能，认为在他手下一定不会有所发展，于是采取韬晦之计，佯愚装傻，不求功名利禄。

因为他很善于看人，所以当地常有人来找他品评人物，问他某人如何、某人比某人又如何，司马徽一概不加评论，嘴里只是一个劲地说："好，好。"他的妻子劝他说:"人家有疑问才来问你,你应该给人家分辨清楚。你只是一味说'好',这合乎人家来向你求教的用意吗?"司马徽回答说:"像你所说的这话,也很好。"

有人错把司马徽家养的猪当成是自己家走失的,司马徽便把这猪给了他。后来那人丢的猪又找到了,便很惭愧地来送还错认的猪,并叩头赔罪。司马徽反倒谦恭地向他道谢。

有一次,邻居在蚕将要吐丝的时候向司马徽借蔟箔(养蚕的器具,用竹篾等编成),司马徽便将自己家蔟箔里养的蚕扔掉,而将蔟箔借给邻居。

有人问司马徽:"凡是做有损自己而帮助别人的事,都是因为人家事情紧急,自己的事不急。现在你和那人都面临蚕要吐丝做茧,缓急正相当,你为什么还要这样做呢?"

司马徽回答道:"人家从来没有求过我。现在有所要求,我若不答应,人家会感到很难堪。哪能因为一点财物而使人家难堪呢?"

礼之根本知守信

【原文】

忠信,礼之本也。

——《礼记》

【译文】

忠诚守信,是礼的基础。

礼仪之道

与人相处,赢得别人的信任是非常重要的。要想取得别人的信任,就要信守承诺。不讲信用,常常给别人乱开"空头支票"的人,最后只能落得

"众叛亲离"的下场。孔子说："人而无信，不知其可也。"意思是说一个人不讲信用，就不知道他能干什么。所以，我们立身处世要言而有信，说到做到，只有这样的人才能赢得朋友的信任。

我们不仅仅要在大事上讲信誉，即使在看起来微不足道的事情上，也必须讲信誉。比如约会，虽是小事，但同样应注意守信，答应几点去赴约，就应该守时。

树立自己的信誉是一个过程。在与人交往时，只有一次又一次兑现诺言，才能慢慢地提高自己的信誉度。立信不能一劳永逸。如果有一次无故失信，就会前功尽弃，甚至使多年精心建造起来的信誉毁于一旦，要想重建它需要花更多倍的努力。从另一个方面讲，当朋友答应帮你办事时，我们应该持信任态度，不能让朋友去帮自己，但自己却又对人家怀疑。讲信誉其实就是一个诚信的问题。诚信是做人之本，是一种美德，会吸引周围的人跟随你，而你的朋友也会越来越多。反之，当你心中的诚信一点点消失，如同一个骗子，所有的朋友都会用怀疑、歧视的目光看着你，没有人会把你当朋友了。

家 风 故 事

君臣之礼

顾雍是三国时期吴国孙权的第二任丞相。自黄武四年（225年）六月至赤乌六年（243年）十一月，他担任丞相有十九年之久，是吴国任职时间最长的丞相。

弱冠之年，顾雍即由州郡官吏表举推荐，开始步入仕途，屡有建树。后他累迁大理奉常，兼领尚书令，总揽直接对君主负责的一切政令，并被封为阳遂乡侯。

黄武四年（225年）五月，当时的东吴丞相孙邵病逝后，谁来继任一时成为公众关心的焦点。当时，呼声最高的是东吴开国元勋张昭，但是，孙权经过一番权衡，任命顾雍为丞相。在顾雍的精心辅助下，吴国在不久的时间里出现了全面兴盛和繁荣，人称他为东吴名相。

第五章 友好往来：处世礼仪

据《世说新语》记载，无论对于客人还是君主，顾雍都非常讲礼。爱子顾邵被派到豫章做太守，由于操劳过度，染病而死。消息传来时，顾雍正在和手下的人下棋，他双手紧握，指甲都把手掌刺破了，血滴在棋盘上，但神色不变，落子依旧，还是坚持把棋下完，因为他认为，在客人面前失态是一件很失礼的事情。等客人都走后，他才忍不住用毛巾捂住脸号啕大哭。哭完，愁容散去，神色自若，像没事一样。

顾雍身居高位，除了自身清廉公正外，对于君臣之间也是非常讲礼的。有一次，孙权侄女出嫁，女婿是顾雍的外甥。顾雍父子及孙子顾谭前往庆贺，参加喜宴。当时，顾谭的官职是负责选拔官吏的选曹尚书。那天孙权也非常高兴，所以众人都十分尽兴。顾谭喝了很多的酒，一副醉醺醺的样子，曾多次起身跳舞，而且跳个不停。

顾雍见顾谭喝醉了，虽气怒，但因考虑场合与情面，不便当场发作。第二天一早，他就将顾谭叫去，严厉斥责，警告顾谭下不为例，并罚"背向壁卧"，足足一个时辰，才允许他离开。

根据记载，242年，顾雍染病，第二年十一月病故。孙权着素装亲自吊丧，谥曰肃侯。孙权死后十多年，景帝孙休下诏称"故丞相雍，至德忠贤，辅国以礼"，并封顾雍次子承袭爵位为醴陵侯。

君臣之间的"礼"就是仁慈、爱护和礼敬，君主要用这样的态度来对待自己的臣子。"忠"就是忠诚不贰、兢兢业业，不离不弃不背叛，臣子要用这样的态度来侍奉君主。这就是孔子的君臣之道，这个道就是以心换心，与父慈子孝、兄友弟恭构成了中国基本的人伦道德。

留有余地知礼度

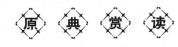
【原文】

径路窄处，留一步与人行；滋味浓的，减三分让人尝。此是涉世一极安乐法。

——《菜根谭》

【译文】

在经过狭窄的道路时，要留一步让别人走过去；在享受甘美的滋味时，要分一些给别人品尝。这就是为人处世中取得快乐的最好方法。

礼 仪 之 道

凡事让步，表面上看好像是吃亏了。但事实上由此获得的必然比失去的多。但是让步要把握尺度，谦让得恰到好处。

人生在世，没有人会一辈子顺利，总会与别人在交注的过程中发生摩擦。糊涂学认为：得理也要让三分。评论一件事、一个人，应当实事求是，从好的方面看的同时，也应看到坏的方面，切忌感情用事。不能喜欢起来，什么都好；厌恶起来，一无是处。即便眼前不吃亏，将来也一定会意识到祸从口出的危害。把握好分寸，留有余地，才能让自己进退自如。

有句话说："处事须留余地，责善切戒尽言。"人生一世，万不可使某一事物沿着某一固定的方向发展到极端，而应在发展过程中充分认识到各种可能性，以便有足够的条件和回旋余地采取机动的应付措施。处世谨慎，临事不惊，持一种小心翼翼的态度，三思而行，得理也要让三分，这说起来容易，但是要做到却不容易。

第五章 友好往来：处世礼仪

在现实生活中，经常可以看到有些领导批评别人，气势汹汹的，有点"得理不让人"的味道，结果被批评者要么是毫不买账，言行举止反而变本加厉；要么是口服心不服，一肚子不开心，这实在是于事无补。我们每个人都生活在这个世界上，天天都会遇到不同的事，不可能事事顺心，很有可能你是有理的，但有理就一定要不让人吗？

个性强的人，容易动肝火，虽知道要谨慎，却耐不住性子，终使言行变得冲动、冒失；而个性柔弱的人，又容易过分谦卑，言行显得懦弱、迟缓。而在强烈的功利吸引之下，无论强者与弱者，都容易一改本性，成为冒险鬼，自取失败。所以，做到谨慎，重要的是把握分寸，留有余地。

人人都有自尊心和好胜心。在生活中，对一些非原则性的问题，我们应该主动显示出自己比他人更有容人之雅量。俗话说："人非圣贤，孰能无过。"每个人都难免会有过失，因此每个人都有需要别人原谅的时候。

大部分人一旦身陷争斗的旋涡，便不由自主地焦躁起来。有时为了自己的利益，甚至是为了面子，也要强词夺理，一争高下。一旦自己得了"理"，便决不饶人，非逼得对方鸣金收兵或自认倒霉不可。然而这次"得理不饶人"，虽然让你吹响了胜利的号角，但怨恨的种子从此种下，也成了下次争斗的前奏。因为这对"战败"的对方也是一种面子和利益之争，他当然要伺机"讨"还。

中国民间有"得理不饶人"一说，这应该是指对大是大非的原则性问题吧。至于生活与工作中的小节，人非圣贤，孰能无过？得饶人处且饶人，给别人一片天，也让自己多条路。让三分，留余地，字面上包含两方面的意思：一是给自己留余地，使自己行不至绝处，言不至于极端，有进有退，从容自如，以便日后更能机动灵活地处理事务，解决复杂多变的社会问题；二是给别人留余地。无论在什么情况下，都不要把别人推向绝路，万不可逼人于死地，迫使对方做出极端的反抗，这样一来，事情的结果对彼此都没有好处。

回顾历史的经验和文学名著中人物的结局，都告诉世人一个道理：在待人处世中，万不可把事做绝，要时时处处为自己留下可以回旋的余地，就像行车走马一样，一下奔到山穷水尽的地方，掉头就不容易，你留有一些余地，掉头就容易多了。俗话说，过头饭不可吃，过头话不可讲，很有道理。

另外，在大多数情况下，要特别注意才不可露尽，力不可使尽。在办任何事的时候，都要多用点"太极推手"的功夫，永远保存一些应变的能力。

家 风 故 事

《寓圃杂记》的杨翥

杨翥的邻居丢失了一只鸡，指骂被姓杨的偷去了。家人告知，杨翥说："又不止我一家姓杨，随他骂去。"又一邻居，每遇下雨天，便将自家院中的积水排放进杨翥家中，使杨家深受脏污潮湿之苦。家人告知杨翥，他却劝解家人："总是晴天干燥的时日多，落雨的日子少。"

久而久之，邻居们被杨翥的忍让所感动。有一年，一伙贼人密谋欲抢杨家的财宝，邻人们得知后，主动组织起来帮杨家守夜防贼，使杨家免去了这场灾祸。

古时候有个叫陈嚣的人，与一个叫纪伯的人做邻居。有一天夜里，纪伯偷偷地把陈嚣家的篱笆拔起来，往后挪了挪。这事被陈嚣发现心想："你不就想扩大点地盘吗，我满足你。"他等纪伯走后，把篱笆又往后挪了一丈。天亮后，纪伯发现自家的地又宽出了许多，知道是陈嚣在让他，心中很惭愧，就主动找到陈家，把多侵占的地统统还给了陈家。

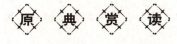

严于律己知礼法

原 典 赏 读

【原文】

非礼勿视，非礼勿听，非礼勿言，非礼勿动。

——《论语·颜渊》

第五章｜友好往来：处世礼仪

【译文】

违反礼法的事不要看、不要听；违反礼法的事不要说、不要做。

礼 仪 之 道

古训云："严于律己，宽以待人。"意思是，对于我们自身的小过失，理当严加戒律，严加苛责自我，这是关于修身的问题，不可轻忽。但是对于别人的小过失，我们却该予以宽容，切不可再度加以谴责，而伤了他人的自尊，影响彼此之间的和气。

有些人对别人要求极严，对自己却要求极松懈；还有一种人，对自己要求严格，对别人也要求严格，这两种人都难以和他人建立和谐的关系。对别人要求严格是容易的，对别人要求松懈也是容易的，对自己要求松懈就更加容易了，唯独对自己要求严格是很困难的。

老子认为：不经过修炼，人的思想就不能和魂魄凝聚成为一体，因而达不到真实的自我状态。在纷繁复杂的环境中，缺乏自我控制力，不能"抱一"，内心躁动不安，会使人的灵魂受到困扰。工作的压力，生活的奔忙，会使人的精魄涣散，不可收拾。一些人因此得了神经分裂症，或者"过劳死"。这是对于个人自身方面的损害，而对于处世，因内心失度，不能坚守自我，会迎合他人说假话，做了一些违心之事，最终导致害人又害己。

修炼自我控制力，就得以圆容方，即回到精神"抱一"的状态，做事先要对得起自己，不要骗自己。人回到一种"真"的状态，才可能对外有"真诚"和"信任"可言，否则都是假的，至多是一种表演而已。人只有首先对自己真诚，才能对别人真诚。

如果一个人不是严于律己、宽以待人，而是宽以待己、严于律人，认为别人总是一无是处，什么都不如自己，事事都以为是自己高明、完美无缺，那么，这样的人，哪怕是自己身上的红肿之处，也要赞为艳若桃花，更不要说会去无情地解剖自己了。

严于律己，不是做给别人看的，有些人在有人监督的情况下，对自己要求非常严格。而在没人的情况下，就开始放松自己。真正的严于律己，要求我们越是在没人的情况下，越对自己严格。

自律属于自我管理的一个重要方面。自我管理的范畴大致包括：对社会引导方式的认同程度，对一定的文化价值体系的理解和兴趣程度，自律感、羞耻感、自我约束力以及自我激励能力，工作中所表现出的主动性和能动性，对所承担工作和达到组织所设定目标的自信心，克服困难和战胜挫折的勇气等。

如果我们要明确规定什么是自律，那么，就要自己给自己立法，并以这种自己为自己颁布的"法"来自觉地约束自己，提高自己的自制力。老子之所以发出"能如婴儿乎"的叩问，是因为人往往都是被一些客观的因素和伦理法则约束，不能在无人监督时也自觉地遵守严格的律条。所以一个人在独处时都能够服从某种伦理观念和法律的自我约束，才是真正值得尊重与佩服的。

由此不难发现，大凡自律之人，无非都是出于遵循某一种规则或律令。由于这种规则或律令的要求，才止步不前，或接受某种自己不愿接受的事实。然而，作为这些规则和律令来说，一般可分为两类：一类是外在的，另一类则是内在的。前者是别人为自己订立的，后者是自己为自己订立的。出于对外在规则和律令的服从和惧怕，在生活中，要使自我立法与自我约束真正成为一种自我的需要。

家风故事

主考官不畏权势

南宋绍兴二十三年春季的一天，科举考试的结果公布了。公布结果的那天，人山人海，你挤我，我挤你，红榜前更是人头攒动。有为自己看的，也有为亲戚朋友看的，他们都紧张地寻找着自己要找的名字。找到了的兴高采烈，没有找到的愁眉苦脸。人群中有一个尖嘴猴腮的考生，伸着头，瞪着眼，把红榜从头到尾地看了一遍，没有看见自己的名字，他不相信这个结果，揉了揉自己的眼睛，又把红榜看了好几遍，还是没有找到自己的名字，气得顿足捶胸，"哇"的一声大哭起来。人们不解地看着他，这是考取了，还是没考取？没考取也不至于这个样子啊。

人们有所不知，这个人叫秦埙，是当朝丞相秦桧的孙子。

事情还得从这次科举大考前不久说起。当各地举人纷纷赶到京城参加这次大考时，陈之茂被朝廷任命为主考官，主持例行三年一次的科举考试。陈之茂大名陈卓卿，字子茂，曾担任两浙转运使。转运使掌管一路或数路财赋，有督察地方官吏的权力。他在担任转运使时，为人正直，嫉恶如仇，享有盛名，深得朝廷的信任。这次上任前，陈之茂对历次科举考试中的种种不良作风早有耳闻，非常痛恨。他决定这次从他做起，狠狠刹住这股歪风，因此他上任的第一件事，就是重申考试法纪，严禁弄虚作假，营私舞弊。他敢说别人不敢说的话，敢做别人不敢做的事。他规定所有的监考官都必须按时进入试院，在考试完前，一律不许外出，以免泄题。他自己带头执行法令，搬进试院住下，并亲笔写下了"回避"两个大字，悬挂在试院的门口，严禁考生和考生家人请客送礼，行贿受贿，托人说情。

秦埙也报名参加了这次考试。他是个典型的不学无术的花花公子，整天吃喝玩乐，嫖娼聚赌。靠他那点本事，根本无法参加考试。可他爷爷，当朝丞相秦桧却在他面前打了包票，准备用自己的权势，以大压小，让他的孙子得个第一名，以便为参加明年皇帝亲自主持的殿试铺平道路，捞个状元当当。于是秦桧派人到试院去请主考官到相府商议。他想："以我的身份，我的权力，找陈之茂办这点事是没有问题的。"

陈之茂听说当朝丞相秦桧找他，一愣，心想："我与秦桧素来没有交往，他找我有什么事商议？目前离科举大考的时间已没有几天了，他这个时候来找我，一定有什么不可告人的目的。"就对秦桧派来的人说："麻烦你，请转告丞相，有什么事请等到科举考试完后，我再专程到相府去商议。现在因考试法令规定凡进入试院的考官均不得私自外出，我身为主考官，更不能违反法令。"

来人听后不快地说："不能私自外出，这是你们的规定，与我们丞相无关，现在丞相有公事要办，也不能外出？"

陈之茂说："虽然丞相召见，是不属于私自外出，但我还是违反了科举制度的规定，今天丞相召我，明天皇亲召他，那不准外出的规定不就成了一句空话了吗？如果丞相真有什么不能等的要事，就请屈尊来试院谈吧。"

秦桧听了陈之茂的话后好不恼火，心想："我秦桧找你帮忙，是看得起你，你还不识抬举。要不是为了我的孙子，我堂堂丞相会去找你这区区主考官吗？"想到这里，他只好压住火气，准备亲往试院。

这天晚上，黑暗笼罩，四处寂静无声，当朝丞相秦桧在极少随行的陪同下悄悄地来到了试院，召见了科举主考官陈之茂。

陈之茂见过秦桧后，秦桧问道："之茂，我今天来的主要目的，不为别的，是想问问你主持这次考试的准备情况怎么样，前来报考的人数多不多，你们该准备的东西是否都已备齐。"

陈之茂回答道："谢谢丞相的关照，我们的准备工作都已就绪，前来参加考试的人也很多，这两天还有人陆陆续续地前来报名，报名的人越多越好，这说明国家人才济济嘛。"

秦桧装出一本正经的样子说："对，对。来考的人多是件好事，我们可以挑选英才，多为国家培养栋梁之材，使国家后继有人。"

他们谈了一会儿后，秦桧左右看看，见四周没人，朝陈之茂靠了靠，用一双狡诈的眼睛看了看陈之茂说道："我来的第二个目的，是来向陈主考官推荐英才的。你可知道前来报考的人员当中，有位叫秦埙的考生吗？"

陈之茂眉头一皱，说："秦埙？此人是不是丞相的孙子？他也参加考试了？"

"正是，你打算怎么办？你看能考第一名吗？"秦桧终于露出了他这次私访的真正目的。

陈之茂见状不露声色地答道："能不能考第一名，这就要看他自己的本领了。"

见陈之茂这样回答，秦桧便直言不讳地说："我认为他是当今首屈一指的贤才，请你把他选为第一名吧，今后有你的好处，依我的能耐，到时提你做个大官，易如反掌，主考官意下如何？"

陈之茂一听，心中怒火升腾，天下哪有这样的道理？他压住怒火，借秦桧刚才说的话说："刚才丞相不是告诉我们，为国家挑选真正的英才吗？我想还是应该按章办事。再说，照丞相所说，秦埙既然是个贤才，想必一定也能考好，到那时，就是丞相不说，我也一定给他个第一名，请丞相放心。"

秦桧见来软的不行，立即露出狰狞面目，横蛮地说："混账，秦埙就是英才，你必须将他选为第一名！"

陈之茂没有退却，而是据理力争，他驳斥道："朝廷三年一次举行科举考试，其宗旨是为国家选拔英才。朝廷信任我，命我为主考官，我应该把好这道关，为国家输送具有真才实学的贤才。秦埙要是在考试中成绩最佳，你不用说，我会秉公办事；如果考试成绩不好，我就爱莫能助了。"陈之茂见秦桧脸色铁青，无言以对，又说道："如果科举考试这么大的事都不能做到公正的话，那国家以后怕是难以选到有用的人才了，这不是既害国家又害百姓吗？"

秦桧碰了个钉子，十分狼狈，只好灰溜溜地回去了。想到在孙子面前夸下的海口，如今没有实现，他感到自己的面子被陈之茂丢尽了，气得咬牙切齿。没办法，看来只好暂时不对孙子说这件事，等科举考试完后，再做打算。

考试结束后，陈之茂和众考官一份一份地仔细审阅试卷。忽然，他看到一篇好文章，内容充实，文笔雄健，不觉大喜过望，连连称赞："写得好，写得好！"他把文章推荐给其他考官看，大家一致同意选为第一名。由于当时考官在阅卷时，不允许看考生的姓名，而且考生的姓名都是封住的，所以，任何人都不知道这篇文章是出于何人之手，直到阅卷工作全部完成，启封之后，人们才知道这个考生名叫陆游。

红榜贴出来了，年轻有才气的陆游列为榜首，秦埙却榜上无名。秦埙想到爷爷秦桧给他打的包票，本是兴高采烈地去看自己的名字，却不料落了榜，所以这才忍不住大哭起来。

秦桧气急败坏，向皇帝上告，诬陷陈之茂和陆游。皇帝信以为真，下令次年的殿试不准陆游参加，陈之茂也受到了迫害。但是，陆游的才学和陈之茂严守法纪的精神，却长久地被人们所传颂。

克己复礼知礼仁

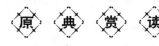

【原文】

克己复礼为仁。一日克己复礼，天下归仁焉。

——《论语》

【译文】

克制自己，一切都照着礼的要求去做，这就是仁。一旦这样做了，天下的一切就都归于仁了。

礼仪之道

"克己复礼"是达到仁的境界的方法。历代学者都认为，这是孔门传授的"切要之言"，是一种紧要的、切实的修养方法，然而对于"克己复礼"的含义却有不同的阐释——这里的"克"字，在古代汉语中有"克制"的意思，也有"战胜"的意思。宋代学者朱熹认为："克己"的真正含义就是战胜自我的私欲，在这里，"礼"不仅仅是具体的礼节，而是泛指天理，"复礼"就是应当遵循天理，这就把"克己复礼"的内涵大大扩展了。朱熹指出，"仁"就是人内心的完美道德境界，其实也无非指天理，所以能战胜自己的私欲而复归于天理，自然就达到了仁的境界。

朱熹以及其他理学家的阐释，把"克己复礼"上升为某种普遍的哲理。然而从《论语》中的记载看来，孔子说的"克己复礼"只是在说一种具体的学习和修养方法。这里说的"礼"，就是指当时社会生活中实行的各种礼仪规范，而学习各种礼仪，正是孔子教学的重要内容。值得注意的是，孔子在这里强调的，不是应当按礼仪规范去待人接物，而是不符合礼的事不要去做。

第五章 友好往来：处世礼仪

当然，孔子强调随时注意不失礼，不是希望弟子都变得循规蹈矩、谨小慎微。孔子认为：礼的本质是仁爱。如果人们都能够依礼行事、非礼不行，那么他们就会在不知不觉之间提升自己的人格而成为一个"仁者"。也就是说，克己复礼是"为仁"。这其实并不是什么高深的理论，而只有在实践中才能真正体会和领悟，所以颜回对孔子说：我虽然不大聪明，但会依照先生说的去做。

孔子能够在晚年走出一生所追求恢复周礼的主张，是因为孔子心中的仁道不依附于周礼而存在。孔子解释自己推行周礼是因为人们在使用这样的礼仪，仅仅是这样。而不是把周礼搁置在所有行为规范之上。孔子自己的解释是："吾学周礼，今用之，吾从周。"孔子说明自己不学夏礼，也不学殷商之礼，而单单学周礼，是因为如今人们普遍使用。

孔子以遵循社会行为准则为人生目标，对形成中国人特有的人生观、价值观起到了重要作用。那种以献身社会放弃自我为荣的信念，使很多传统的中国人在为家庭、亲友和社会献出自己的劳动、财富甚至生命的时候，不是体会到了痛苦，而是感到了自豪。从这方面讲，这种人生观、价值观对传统中国人在困境中保持心身平衡有着积极的意义。另外，当这些传统的中国人不能实现这种人生理想时，就经常把问题归结于自身，或陷入深深的自责之中，从而引发了一些人的身心疾病倾向。这一点是要不得的。

家风故事

曹参以仁德体现生命价值

曹参，字敬伯，汉族，泗水沛人，西汉开国功臣、名将，是继萧何后的汉代第二位相国。秦二世元年（公元前209年），跟随刘邦在沛县起兵反秦，身经百战，屡建战功，攻下二国和一百二十二个县。刘邦称帝后，对有功之臣论功行赏，曹参功居第二，赐爵平阳侯，汉惠帝时官至丞相，一遵萧何约束，有"萧规曹随"之称。

汉高祖刘邦封长子刘肥做齐王时，令曹参做齐相。曹参到了齐国，召集齐地的父老和儒生一百多人，问他们应该怎样治理百姓。大家都提出了自己的意见，曹参不知听哪个才好。

后来，曹参打听到当地有个颇有名望的隐士，叫盖公。曹参把他请来，向他请教。盖公向曹参提出，现在天下安定不久，重要的是让百姓在没有干扰、没有杂役的生活中求得平安，这样百姓的生活便会好起来，天下风气也会为之一改，路不拾遗，夜不闭户，古人的圣道就能实现了。

曹参依了盖公的话，尽可能不去侵扰百姓。他做了九年齐相，齐国都比较安定，百姓安居乐业，知善恶而通仁义道德。

萧何死后，曹参接替他做了丞相。曹参还是用在齐国时的办法，一切按照萧何已经规定的章程办事，什么也不变动。

曹参的做法虽然一开始让朝廷里的大臣和汉惠帝不是很满意，甚至汉惠帝也觉得曹参是倚老卖老，瞧不起自己，但后来经过曹参一番说明后，汉惠帝终于明白了这位丞相的良苦用心。

由于那时候经过秦末战火，楚汉争霸，天下刚刚安定不久，一些地方的百姓生活得还很艰苦，为非作歹的事情也屡有发生，很多人杀人越货，其实并不是生性残暴，不过是生活所迫而已。曹参明白百姓需要安定富足的生活，否则根本就谈不上礼义廉耻。百姓乃天下之根本，如果为官者不能为百姓施仁政，那么天下终会被推翻，这种仁德往往会让百姓死心塌地跟着君主，天下才能太平。

143

第五章 友好往来：处世礼仪

清白为人知礼非

【原文】

毋剿说，毋雷同。

——《礼记》

【译文】

不可把别人的见解说成是自己的，也不可没有主见，人云亦云。

礼仪之道

做人做事一定要有自己的见解，不能够随波逐流，人云亦云，也不能贪图别人的胜利成果，产生邪念，更不能直接把别人的功劳和成果据为己有。

因此，保持一颗平常心很重要。清心寡欲、矢志不渝是人心向上的较好状态。内心充满杂念和欲望的人，心里像平静的深潭有千层浪，即便身在山中也不能平静；而内心清净脱俗的人，即使在炎热的暑天也能感到凉爽，身在闹市也不会躁动。

当人心受到欲望的诱惑，容易变得飘荡浮躁，不知所措。所以人心应当像居住的房屋一样，经常清理。

尤其在当今喧嚣的社会，眼花缭乱的世界，人们更多地需要学会在不断变化的世事中，不断地洗涤心灵，为自己开辟一片净土。然而，这一片净土唯有自己把好内心欲望的关口才能实现。

在静的环境中，人做到意念端正并不难，难的是在不断变化的诱惑前，仍然能坚持自己的目标。所以，端正意志的修养方法，需要动静结合。一方面，尽量寻求静的环境，反省行为的动机；另一方面，则更多是在不断变化的环境中磨炼意志，即在不断出现的诱惑面前，反复坚持自己的意念，使意志变得更加坚强。战胜的诱惑越多，意志也就越坚定，内心就更自由。

家风故事

贪天之功

春秋时期，在秦国的大力支持下，晋文公重耳终于结束了颠沛流离的苦难生活，回到晋国，登上皇位。随后，晋文公根据功劳大小，对功臣进行封赏：不离不弃、誓死跟随是首功，捐助资财是次功，迎其归位是三等功。赵衰、狐偃、狐毛、胥臣、狐射姑、先轸、颠颉等人立下首功，依次获得赏赐；没有封地的被赏以封地，有封地的被加封。其他立了次功、三等功的人也都获得了封赏，连普通的奴仆都得到了赏赐。晋文公担心留有疏漏，便专门在城门上张贴诏令："倘有遗下功劳未叙者，许其自言。"

有位名为介子推的功臣，虽曾立下首功，却在这次封赏中被遗漏了。晋文公即位后，介子推因看不惯周围那些居功自傲、志得意满的人，便托病请假，并决定辞官归家，专心侍奉母亲。

介子推的一个邻居看到晋文公颁布的诏令后，来到介子推家里，准备告诉他这个信息。这位邻居见介子推正在家中编草鞋，大笑道："你以后不用再编草鞋啦!晋侯已经下了诏令，让没有得到赏赐的有功之人自己去请求封赏。你只要去见晋侯，晋侯一定会想起你的功劳，对你大加封赏的。"

介子推笑了笑，并未搭腔。介子推的母亲见他不回应，便问他："你跟着晋侯流亡了整整十九年。晋侯饥饿难耐的时候，是你割股熬汤喂他喝，就算没有功劳也有苦劳啊，你为何不愿去见晋侯呢？"介子推答道："孩儿并不有求于晋侯，为什么要去见他呢？"邻居这时也劝他："你见了晋侯之后，能得到米、布等赏赐，说不定还能被赏个一官半职，你就不用像现在这样辛苦了。"

介子推闻言，仍然不动声色，只是缓缓说道："晋献公的九个儿子中，

第五章 友好往来：处世礼仪

主公重耳最为贤能，所以，主公登上皇位也是必然，但有的人却认为这是自己的功劳。偷他人财富的人被斥责为盗贼，而到晋侯面前邀功求赏，无异于贪天之功为己有。这样的人比盗贼更为可耻！我情愿一辈子编草鞋，也不愿意做这种令人耻辱的事情。"邻居听后，敬佩之情油然而生。

待邻居离开后，介子推的母亲对儿子说："你是一位廉洁之士，而我就是廉士的母亲。我们不如到世外隐居吧。"介子推听了十分高兴："孩儿早有此意。绵山远离城邑，正是隐居的好去处。我们不如今天就起程吧？"

当天晚上，介子推就带着母亲，前往绵山。从此，他们母子就过起了隐居生活。

晋文公听说此事后，亲自到绵山拜访，却怎么也寻不到他们的踪迹。最后，晋文公只好将绵山赐给介子推，作为他的挂名封田。也有一种说法认为，晋文公曾放火烧山，逼介子推出山。介子推不愿意出来，最后被活活烧死。

不卑不亢知自尊

【原文】

圣人自知不自见，自爱不自贵。故去彼取此。

——《老子》

【译文】

圣人但求自知，而不求表现，但求自爱，而不自居高贵。所以要弃后者（自见、自贵），而保持前者（自知、自爱）。

自尊自重是一种珍爱自己的道德情感。人们在生活中要注意自己的言行举止，维护自己的尊严和人格，防止他人的歧视与侮辱。在中国，自尊自重是民族道德心理的精华，是我们克服各种困难和缺点，不断追求的动力。

自尊自重的人珍爱的是自己的人格，而人格是人之所以为人的根本。爱惜自己人格的人，往往会自觉地维护与别人平等的地位，拿高尚的人的标准要求自己。不自尊自重的人则会主动放弃为人的权利，常常卑躬屈膝、自视卑贱地屈服于人。人格一旦变质，人品随即变味，所以，一个不自尊自重的人不可能得到别人的尊敬与爱护。

自尊自重不是自卑自贱，也不是唯我独尊。自以为是和妄自菲薄都是丑陋的，只会被人耻笑和不屑。

家 风 故 事

晏子自尊处世

晏子是齐国的大夫，有一次齐王命他出使楚国，楚国的君臣知道晏子身材矮小，决心好好地羞辱他一番，以显示楚国的威风。于是，他们在大门旁边开了一个小洞，让晏子从这个小洞进城去。晏子走到小洞边，看了看，说："这是狗洞，不是城门。出使狗国的人，才从狗洞进。今天，我是出使楚国，不是出使狗国。请问我是来到了狗国呀，还是来到了楚国？"楚人无话可对，只好打开城门，迎接晏子进去。

楚灵王见到晏子便问："难道齐国就没有人了吗？"晏子明知其意，不卑不亢地答道："齐国人呵气成云，挥汗如雨，来来往往，摩肩接踵，怎么能说没有人呢？"楚灵王又问："那为什么派你这样的小人儿到我们国家来呢？"

晏子机智地答道：

"齐国有条规矩，贤者出使贤国，不肖的人出使不肖的国家，大人出使大国，小人出使小国，我人小又最不肖，所以才被派到楚国来。"楚灵王听后，虽然心里不高兴，但却暗暗惊讶。

这时，有武士押犯人经过，楚王便有意问："囚犯是哪里人，犯了什么罪？"武士答道："是齐国人，犯了盗窃罪。"于是，楚王便有些得意地说："你们齐国人是不是喜欢做强盗？"晏子知道这是楚王故意安排的，就说："我听说，江南的橘子移到江北，就变成了枳子，之所以如此，是因为所处的地方不同了。同样，今天齐人在齐国不偷不抢，到了楚国就成了强盗，这也是楚国的地方使他变成这样，与齐国没有关系。"晏子的机智让他维护了自己和国家的尊严，让楚王自取其辱。楚王为晏子的自尊与机智所折服，最后以贵宾之礼款待晏子。

和睦相处知邻里

【原文】

亲仁善邻，国之宝也。

——《隐公六年》

【译文】

与邻居亲近，与邻邦友好。自古以来，这都是我国处理与他国之间关系的基本出发点。

礼仪之道

每一家都有自己的邻居，每一家又都是别人家的邻居。邻居交往有两大特点：一是天天见；二是生活琐事多。这就决定了邻里之间常常会不可避免地发生无原则的矛盾。

一、邻里禁忌

第一，忌以邻为壑。

有些人心眼小、私心重，在邻里生活中总怕邻居沾了自己的光，反过来自己却总想瞅机会沾别人家的光，甚至明里暗里做些损害邻居利益的事。这在邻里交往中是最忌讳的，其结果只能是在邻居们孤立自己。

第二，忌"各扫门前雪"。

邻里交往中，持这种态度的人不在少数，以为邻居间避免矛盾的办法就是少相互掺和，自家管自家最好，少数人家甚至发展到"老死不相往来"。事实上，邻里之间自顾自的做法绝不是上策，俗话说"远亲不如近邻"，谁能保证自己在日常生活中不会发生需要别人帮助的事情？到那时候，好邻居的作用可大呢。

第三，忌在邻居间说长道短，搬弄是非。

邻居交往，所谈多是家常琐事，稍不注意，就会扯到邻居的长短是非上来，这是邻里团结的一个大威胁。当然，如果是为了解决邻里不和，大家谈一谈，共同想办法搞好团结，这是正常的。如果只是挖苦、嘲讽、攻击别的邻居，有意挑拨邻里关系，这绝不是应取的态度。

第四，忌无端猜疑。

有时候，邻里纠纷倒不是有人挑拨产生的，而是纠纷的一方无端猜疑导致的。一家人也免不了有思想上的分歧，何况邻居间要做到完全消除戒备，没有任何疑心，恐怕也是不现实的。关键在于是合理猜想还是无端起疑。前者多是理智考虑，后者则多是感情用事，所以无端猜疑最容易产生误会，给邻里关系造成不利影响。

第五，忌自以为"常有理"。

邻里交往中发生矛盾，应多做自我批评，但有些人总喜欢指责别人家，总觉得自己家正确。最明显的要算对待孩子方面的事了，邻居间孩子闹事，有些家长总是偏袒自己的孩子，不管有理没理都不让人，表面上是护孩子，其实是害了孩子，助长了孩子的蛮横心理，而且恶化了邻里关系。所以，在邻里交往中自恃"常有理"，实际上是很不明智的。

二、居住的礼仪

如果住在平房，一墙之隔，邻居间的来往就多一些，关系就密切一些。因此，更应注意处理好邻里关系。

保持自家院落的安静整洁。在院落里不要喧哗、吵闹，清晨、午休、深

第五章　友好往来：处世礼仪

夜尤其要注意，以免影响、惊扰邻居。不要在自家院外随便丢弃垃圾、杂物。要爱护花草树木，不要摘花。自家门前的道路脏了，应主动打扫，搞好环境卫生。雪后，要主动和邻居一起清扫积雪，把周围环境打扫干净。

要爱护公共设施，自觉地节约用水、用电；头脑中要有"公共"意识，不要占用公共地方，不要影响邻居的活动，不要侵占他人的空间。

要懂得谦让，团结互助，不吵嘴打架。电视机等电器的音量都不宜过大，音量过大不仅会影响、打扰邻居休息，也会影响邻里关系。

随着城市化进程的加快，越来越多的人告别平房而住进了楼房。住楼房更不能忽视礼仪。

搬动桌椅要轻些，尽量不在屋里砸东西；不要穿带钉的皮鞋在屋里走来走去，最好一进门就换拖鞋、布鞋等不会发出响声的鞋子，不要在屋里乱跑乱跳或将东西使劲往上扔等。

不要往楼下倒污水或扔脏物。在阳台上浇花草时，小心不要把水洒到楼下，以免污染下面住户晾晒的衣物及室外环境；放在阳台栏杆边沿的花盆或其他杂物应固定好，避免被风刮落或不慎碰落，造成伤害。

做饭洗菜时注意，不要堵塞下水道，那样会给整座楼的人带来麻烦。

如果家里有事会影响邻居，要事先打个招呼，请求谅解担待。

注意公共楼道礼仪。楼道属于公共场地，上下楼梯，脚步尽量放轻些，不要跑上跳下打打闹闹；不要在楼道大声喧哗、吵闹，尤其是在清晨、午休、深夜，以免影响邻居。保持楼道整洁。不在楼道里丢弃果皮纸屑，不要乱写乱画；倒垃圾时，要格外小心，不要让垃圾撒到楼道里，一旦撒出立即清扫干净。住户要主动去清扫楼道。不要占用楼道，有的人在楼道里堆杂物，有的把自行车停放在楼道里，这样会给邻居造成不便。如果我们的家人这样做了，应说服家人，把东西挪开，给别人上楼下楼留下方便舒适的空间。

三、邻里相处的其他礼仪

第一，以礼相待。

要具有与邻居和睦相处的友好愿望，要以礼相待，平时见面要互相打招呼，并行点头礼或招手礼，不要旁若无人，径直而过。要正确称呼：比自己父母辈分大的称呼：爷爷、奶奶；与自己父母同辈但岁数大的，称呼：伯伯、伯母；与自己父母年龄相仿或比父母年龄小的，称呼：叔叔、婶婶等。

第二，互谅互帮。

不打扰左邻右舍，早出晚归进出居室要保持安静，不要大声喧哗和说笑，使用音响设备要掌握适宜的音量，尊重邻居的生活习惯。日常生活中，对邻居的老人和小孩，要给予尊重和照顾，特别是孤寡老人，当他们行动不便或遇到困难时，要及时给予帮助。如在楼道里或窄小的地方遇到长辈，要主动让路，请长者先走，遇到老人，应上前去搀扶。见到邻居提搬重物，要主动让路，不能抢上抢下或挤上挤下，还应主动询问是否需要帮助。

第三，友好相处。

不背后议论、猜疑，不去打听邻居的私事。对于公用场地，不要随便吐痰，不乱扔废弃物，并能主动清扫。向邻居借用东西要有礼貌，如轻轻敲门，等主人开门后用请求、商量的口气说明来意，归还时要表示谢意。借邻居家的东西要小心使用，十分爱惜，不要弄坏弄丢。如果万一损坏要主动赔偿，并赔礼道歉。如果主人不要求赔偿，除了当面赔礼道歉外，最好以别的方式弥补人家的损失。借用的东西使用完之后应立即送还，不要忘还，更不能让邻居来要。如需延长借用的时间，应向邻居说明，经其同意后再继续使用。一般较贵重的东西，最好不去借。

家风故事

王吉赔礼

王吉是汉宣帝时人，生性耿直，敢说敢做，曾做谏议大夫。他目睹宣帝任人唯亲，宠信外戚，曾上疏给宣帝，但宣帝仍是我行我素。王吉见宣帝不接受自己的建议，便称病辞去官职。

王吉在长安城里买了一所房子，夫妻二人早起晚睡，勤劳节俭，妻子在家除操持家务外，还做女红针织，一切都收拾得井井有条。夫妻相敬相爱，日子过得很充实。

这一年的夏天，天气非常热。王吉因终日劳累，身体日见消瘦。妻子看在眼里，疼在心上，就想方设法弄些好吃的给丈夫补补身体。正赶上今年他家邻居的一棵大枣树，长的特别繁茂，枝头早已伸过墙头进到王吉家的院里，上面结满了串串大枣，看上去甚是诱人。大枣有的是自己掉下来，有的是被风吹落在地上，妻子见掉在地上很可惜，就都捡起来，心想正好给丈夫补身体，就洗得干干净净，放在盘里，恭恭敬敬地端给丈夫吃。王吉见妻子端来一盘大枣，没有多想就有滋有味地吃了起来。妻子见丈夫吃得那么香，心里更是得意，有时就干脆从树上摘大枣给王吉吃。一连几天，王吉天天有枣吃。一天，王吉边吃枣边问："夫人!这大枣真好吃，你是从哪儿买来的?"等了半天也未见妻子回话，就抬头看着妻子，见她一边织布一边抿嘴在笑。王吉觉得妻子的表情挺神秘，就又问了一遍。这回因为问的声音高了一些，妻子急忙从织布机前走过来，一把捂住王吉的嘴，连忙说："夫君别那么大声，这是邻家树上的枣子。"

"什么!你竟敢如此大胆，偷拿别人的东西，这岂不有辱我们王家的名誉!"

王吉越说越生气。他一贯为人正直，胸怀坦荡，没想到自己的妻子竟会做出这样不合礼仪的事情来，实在令他无法忍受，一时间怒气骤起，竟打了妻子一个耳光。妻子原本是为了丈夫，自己连一个枣也没舍得吃，如今却得到丈夫的满脸怒容，全不顾及多年来的夫妻情分，竟打了她。她感到非常委屈，竟伤心地哭了起来。可王吉不容她解释，一气之下，将她赶回了娘家。

邻居与王家一直相处得很好，多日不见王吉的妻子，就问其中的原因。一听是因为自家的枣树惹出的祸，就拿起斧子要砍倒枣树。王吉急忙上前阻拦说："这绝非您家枣树的过错，而是我治家无方，多有冒犯，实在是我的过错。"

邻居说："你们夫妻二人感情一向深厚，怎么能因我家的几枚枣子就把她休了呢? 这岂不是我家枣树的过错吗? 即使是你夫人不摘，我也要送上一些，邻里相处，怎能如此计较这些小事。你若是不将夫人接回，我一定要将这树砍掉。"左邻右舍的人们也纷纷赶来说情。王吉见邻居和乡亲们诚恳相劝，也就答应将妻子接回来。

妻子在娘家反省了数日后，也甚觉自己不对，见丈夫来接自己，心里十分感激，向丈夫承认了错误，和丈夫一起回到了家。

到家后，王吉内心一直很不安，本来妻子摘了人家的枣子，就已经对不起人家了，可人家却这样宽宏大度，不仅不怪他的妻子，反而要砍掉枣树来换取他们夫妻的和睦，实在是令人可亲可敬。

小两口一商量，便一起来到邻居家，赔礼道歉，并深深地致以谢意。邻居也被王吉通情达理的行为所感动。从此，两家的关系更加密切了。

王吉为了枣子的事休妻，固然有可议之处。但他坚守礼法，不放过小事，却是保持高风亮节的第一要义。

第六章

生死历程：人生礼仪

人生礼仪，有人又称之为"通过仪礼"。在一个人的一生当中，从呱呱坠地，至寿终正寝，必须要通过一系列的阶段，从一种社会状况向另一种社会状况转变，这就好比是人生道路上的一系列节日，或者说是一个个关口，所以称为通过仪礼。除了生日礼是周而复始、每年一次以外，别的人生礼仪全是不可能重复的，对于一个生命来说，它只能通过一次而不可能重复。正因为如此，人生礼仪对于每个人来说，就显得格外珍重。

人生开端诞生礼

【原文】

子生。男子设弧于门左，女子设帨于门右。

——《礼记·内则》

【译文】

若生的是男孩，则在侧室门左悬一副弓；若是女孩，则在侧室门右悬一直手绢。

礼 仪 之 道

诞生礼又称人生开端礼或童礼，它是指从求子、保胎到临产、三朝、满月、百禄，直至周岁的整个阶段内的一系列仪礼。诞生礼起源于古代的"生命轮回说"，中国古代生命观中重生轻死，因此把人的诞生视为人生的第一大礼。我国古时对生育看得十分重要，新生儿出生前后都有一些特别的礼仪，这种礼仪主要目的是为新生儿祝吉，也为产妇驱邪等。婴儿的诞生，意味着新生命的开始，对于所在家庭和家族来说，则又标志着血缘得以延续，于是就需要有相应的礼仪。然而婴儿诞生的过程很短暂，一般也不会惊动太多的人，似乎给礼仪的安排带来困难。不过由于诞生礼的重要，所以人们还是想出了许多办法来表示对它的关注，那就是把这个过程向前和向后分别延伸，使这个过程的时间跨度相对地延长，并在这个相对延长的过程里安排了一系列与之相关的礼仪，习惯上都称之为诞生礼。在诞生之前的，有求子、妊娠、催生；诞生时则是分娩；诞生后又有报喜、三朝、满月、百日、周岁、命名、童蒙等。

人生最大的喜事莫过于嫁娶生子，后代的诞生确保了人类得以世代生生不息，故其礼仪充满喜庆的气氛。在许多地方，至今还存在一种良好的礼仪习俗，即女子出嫁后怀孕，一月夫婿家必告知姻亲，二月告知近亲。姻亲、近亲闻讯则各备礼品送夫婿家，为孕妇添补安胎。夫婿接礼后，应以冰糖做回礼。待产，姻亲必备婴儿衣裤、鞋袜、裕裢、肚兜、披风、围裙诸件送夫婿家，以便婴儿出生穿着。婴儿诞生后，夫婿家须于三朝内，给姻亲家送去红蛋、红酒（包括姻亲家之近亲在内），以示报喜。自家则须告于祖祠（无祠则告于自家祖宗灵位）。婴儿诞生三日，外公外婆、近亲均备礼品（多为禽、蛋滋补品）至婿家祝贺并看视外孙（或外孙女），谓之"洗三朝"。南宋初期，社会动荡不安，朱熹在建炎四年九月十五日出生于尤溪，其家人遵古礼为之洗三。其父朱松写《洗儿》诗云："行年已合识头颅，旧学屠龙意转疏。有子添丁助征戍，肯令辛苦更冠儒。"对新生儿的未来走向做出两难的预择。

婚家请小酌并征询为婴儿取名（大族人家按族谱排序取名）。如母乳不足，即请助求良家妇女中稍温谨者为乳母。

婴儿诞生满一周月之日，东家必备酒席，宴请姻亲及送礼予近亲。席间，东家抱婴儿出拜诸亲友，以示答谢。

婴儿诞生满一周岁之日（古称卒盘之期），东家发帖（多数口头传讯），邀请姻亲、近亲以及挚友赴宴。外公外婆应备银制项圈、手镯、衣帽，赠予外孙（外孙女）穿戴，并祝健康长寿。亲友则赠送礼品。开宴前，东家于厅堂设台桌，置筛，内放纸笔、书籍、钱币、算具（女婴加女红针线等），为婴儿举行"摸卒"仪式，让婴儿坐筛中摸上列物品，看第一次摸哪种物品，以测将来志向，借以和宾客同乐，仪毕，宴宾。

在婴幼儿个体成长的过程中，长辈要举行一些适合后代的礼仪活动，如婴儿满周岁后，即进入幼儿期，婴儿囟门逐渐闭合，大脑神经开始有感性意识，父母必须精心引导，举办开囟仪式。父母亲择吉日，请有德望乡贤，为幼儿摩顶、开启囟门。仪式前，东家燃烛焚香祭祖后，母亲抱幼儿坐厅堂，乡贤摩幼儿顶并祝云："麟兮凤兮，聪而伶俐，摩尔囟门，启尔慧智。"祝毕，令幼儿向祖先叩首。当幼儿学步时，家长要择吉日，燃烛焚香祭祖毕，母抱儿于厅堂，令儿双脚落地，请有德望阿婆，以剪刀在幼儿双脚间，作剪断绊绳状，并祝曰："剪断绊索，乖乖走路。"祝毕，即扶幼儿跨步。当幼儿能吐单音时，父母备糖水或蜜糖水，先对祖先告祭，后以糖水喂幼儿，祝曰"开言大吉"，始教之唱喏（对人作揖，说谢或是，表示致敬）、万福（女孩对人作揖）、安置（夜就寝注意事宜）。稍有知识时，则教之以恭敬尊长，随时纠正不识尊卑长幼的微小行为，不能"溺于不慈，养成其恶"。古代的家庭教育非常具体，年幼的孩子还不懂什么大道理，所以要先教他言语、穿衣、戴帽、饮食、坐立、行走等方面的行为规范，通过正确引导，将其培养成懂礼貌、敬长辈的孩子。

家 风 故 事

抓周试儿测前程

传说在三国时期，吴主孙权刚称帝，太子孙登就得病身亡。孙权伤心之余，为再立太子之事绞尽脑汁，不知道该立哪个儿子。

这时，有个叫景养的人求见孙权。他向孙权进言说："皇上立太子传嗣位乃是影响到千秋万代的大事。愚民以为，皇上不但要看皇子是否贤德，还要考察皇孙是否聪慧。愚民有辨别皇孙愚慧的办法，愿意为皇上分忧。"

于是，孙权选了一个吉日，让皇子们各自将已满周岁的儿子抱进宫。只见景养端着一个摆放着书简、绶带、珍珠、象牙、翡翠等物品的托盘，让小皇孙们任意抓取。众皇孙几乎都抓起珠宝类的物品，只有孙和的儿子孙皓一手抓起绶带，一手抓起书简。

孙权平时本就偏爱孙和，所以非常高兴，当即就册立孙和为太子。其他皇子认为只凭这点就立下太子，不免太过草率，所以纷纷抗议，孙权却不为所动。于是，皇子们各自在朝廷内拉拢大臣，明争暗斗，最终孙和受到陷害被废除，改立孙亮为太子。

孙权死后，孙亮只当了七年的皇帝就发生政变被废除，改为孙休称帝。孙休死后，大臣们一致推举孙皓登位。这时，一些年老的大臣回忆起当初景养选太子的情景，惊叹不已。

从那以后，人们就用这种方法测试儿孙的未来。在小儿一周岁生日的那天，摆上金银财宝、文房四宝等象征着各种职业的物品，任由小儿抓取，来预测小儿未来的性情和志趣。

而立加冠成人礼

【原文】

冠者，礼之始也。

——《礼记》

【译文】

冠礼，是一切礼仪的开始。

礼仪之道

古今中外，世界各地都有成年礼，只是所行仪式繁简各不相同，而对成年人的年龄界定也不一致，大致有十五、十六、十八、二十岁之分。在古代，儒家十分重视个人的成长问题，成年男子必须行冠礼（即戴上成年人的帽子，穿上成年人的服饰），女子行笄礼（女子满十五岁，盘上成年人的发髻，用簪子），这是一个人已经脱离幼稚、长大成人的标志，是人生的一个重要环节，意味着从此要主动承担起法律所赋予的各种责任，开始享有家庭、社会中应有的权利和履行应尽的义务，诸如入祭、服役、结婚等，但儒家所要求的成人之道，就是理想人格的塑造，是有意识地创造人们所共同景仰的人格范型，引导其攀登崇高的道德目标——成为贤人，可以致尧舜（能为国家做贡献），为大众谋求利益。

人之所以成为人，是因为有礼仪。礼仪的肇始，在于使举动端正，使态度端正，使言谈恭顺。举动端正，态度端正，言谈恭顺，然后立意才算齐备；并用来使君臣各安其位，使父子相亲，使长幼和睦。君臣各安其位，父子相亲，长幼和睦，然后礼仪才算建立。

时日：由家长选择良辰吉日，一般选择十六岁生日前后，亦可选在十八岁。

邀请：从家庭之外选择有德望、知礼节、受敬仰的人担任主礼人，主礼人可以是父亲的同事、朋友、上级，或族长、乡党贤人。父亲提前三天面请，被邀请者依礼谦辞、固辞、终辞而不得者，乃定为主持礼仪人。邀请者郑重、诚挚，被邀请者谦虚、低调。同时应预先邀请其他参礼者。如果父亲不在世，也可由家中其他长者出面邀请。

场所：家庙或宗祠。举行仪式的场所同时还设有临时更衣处。

程序如下。

1.陈设器物。行礼之日的清早，家人在堂前摆放好各种器物、清酒。预先备好合体的三套帽、衣裤、鞋袜。

2.迎宾接客。到庙大门口迎候宾客，先接主礼人，次为众宾，再次为其他参加者。在抱拳致谢，引宾客入门后，主人由东边台阶上，主礼人、众宾由西阶上，各就各位。主人回堂下，与众亲戚立堂下观礼。

3.仪式开始。宣受冠者出，主礼人助手引受冠者从东阶登堂，至堂中位就座。助手象征性整理受冠者头发，主礼人检视，移步至西阶前，从助手处接过缁布冠，走到受冠者面前，加冠，宣读第一道祝词。然后，受冠者下堂，回房换掉象征孩童的彩衣，穿上与缁冠相配的衣裤、鞋袜，再登堂上，向亲友和观礼者展示自己的衣冠。

接下来进行第二次加冠，步骤与此前相同。助手取下缁布冠，主礼人给受冠者戴上皮弁，宣读第二道祝词。然后，受冠者下堂，回房换掉衣裤，穿上与皮弁相配的衣裤、鞋袜，再登堂上，向亲友和观礼者展示自己的衣冠。

第三次加冠，步骤与此前相同。只是将皮弁换成爵冠并穿上与此相配的衣裤鞋袜，再次向亲友和观礼者展示。

每次加冠，都要宣读祝词。祝词以养德延寿为核心内容，《士冠礼》中有三道祝词可供参考。

始加，祝曰：令月（本月）吉日，始加元服。弃尔幼志，顺尔成德。寿考惟祺（吉祥如意），介尔景福（大福）。

再加，祝曰：吉月令辰，乃申尔服。敬尔威仪，淑慎（完美谨慎）尔德。眉寿（长寿）万年，永受胡福（元考高寿）。

三加，祝曰：以岁之正，以月之令，咸加尔服。兄弟具在，以成厥（其）德。黄耇（长寿）无疆，受天之庆。

加冠毕，走到父母面前，行成人礼，敬茶谢父母养育之恩。

4.尊者取字。古人有姓名字号，各有含义。受冠者谢父母之后，登堂，请字。通常的字冠辞曰：礼仪既备，令月吉日。昭告尔字，爰（曰）字孔嘉（意深义重）。髦（英俊）士攸宜，宜之于假（悠远）。永受保之，曰伯某甫（伯仲叔季，唯其所当而选之）。赐字者，行文宣读，稿存纪念。受冠者答谢，敬茶（茶水由助手端上）。受冠者同样向长辈行礼，敬茶，聆听长辈教诲。

《笄礼》是古代汉族女子的成年礼。自周代起，规定贵族女子在订婚（许嫁）以后出嫁之前行笄礼。一般在十五岁举行，如果一直待嫁未许人，则年至二十也行笄礼。受笄即在行笄礼时改变幼年的发式，将头发绾成一个髻，然后用一块黑布将发髻包住，随即以簪插定发髻。主行笄礼者为女性家长，由约请的女宾为少女加笄，表示此女子成年可以结婚。贵族女子受笄后，一般要在公宫或宗室接受成人教育，授以"妇德、妇容、妇功、妇言"等（古人所谓的"品德优良、容貌端庄、女红精湛、语言得体"四德），作为媳妇必须具备的待人接物及侍奉公婆、礼待族亲的品德礼貌与女红劳作等技巧。后世改为由少女之母申以戒辞，教之以礼，称为"教茶"。

仪式举行之前，要准备器物、饰品、衣服、酒器之类。在确立行礼日期后，选择并延请亲姻妇女之贤而有礼者充当正宾。女主人（母亲）要书写邀请书，派人送达正宾手上，应允后可延请之。有司二名则为女性充任。

在行礼前三日，受请者要斋戒，行礼前一日，宿宾。布置厅堂，陈设器物以及座椅，铺席。行礼选在上午进行。仪式的程序大致如下。

1.迎宾：女主人立于东面台阶位等候宾客；有司托盘站在西面台阶下；笄者（沐浴后）换好采衣采履，安坐在东房（更衣间）内等候。

2.就位：正宾来到，父母亲上前迎接，相互行正规揖礼后入场。主宾落座于主宾位；客人就座于观礼位；宾客都落座后主人才就座于主人位。

3.开礼：女主人起身，简单致辞——今天，小女某某行成人笄礼，感谢各位宾朋佳客的光临！下面，笄礼正式开始！请某某入场拜见各位宾朋。

4.笄者就位：正宾先走出来，以盥洗手，于西阶就位；笄者走出来，至场地中，面向南，向观礼宾客行揖礼。然后面向西正坐（就是跪坐）在笄者席上。正宾为其梳头，然后把梳子放到席子南边。

5.宾盥：正宾先起身，主人随后起身相陪。正宾于东阶下盥洗手，以毛巾拭干。相互揖让后主宾与主人各自归位就座。

6.初加：笄者转向东正坐；有司奉上罗帕和发笄，正宾走到笄者面前，祝词曰："令月吉日，始加元服。弃尔幼志，顺尔成德。寿考惟祺，介尔景福。"然后跪坐下（膝盖着席）为笄者梳头、加笄。宾起身，笄者起身，正宾向笄者作揖祝贺。笄者回到东房，正宾从有司手中取过衣服，去房内更换与头上发笄相配套的素衣襦裙。笄者着襦裙出房后，向来宾展示。然后面向父母亲，行正规拜礼。这是第一次拜，表示感念父母养育之恩。

7.二加：笄者面向东正坐；正宾再洗手，再复位；有司奉上发钗，正宾接过，走到笄者面前，祝词曰："吉月令辰，乃申尔服。敬尔威仪，淑慎尔德。眉寿万年，永受胡福。"正宾跪下，为笄者去发笄，为笄者簪上发钗，然后起身，笄者起身，宾向笄者作揖。笄者回到东房，更换与头上发钗相配套的曲裾深衣。笄者着深衣出来向来宾展示。然后面向正宾，行正规跪拜礼。这是第二次拜，表示对师长和前辈的尊敬。

8.三加：笄者面向东正坐；正宾再洗手，再复位；有司奉上钗冠，正宾接过，走到笄者面前，祝词曰："以岁之正，以月之令，咸加尔服。兄弟具在，以成厥德。黄耇无疆，受天之庆。"正宾跪下，为笄者去发钗，为笄者加钗冠，起身，笄者起身。宾向笄者作揖。笄者回到东房，更换与头上钗冠相配套的大袖长裙礼服。笄者出房，向来宾展示。然后面向天地，行正规拜礼。这是第三次拜，表示传承文明。

9.置醴：有司撤去笄礼的陈设，在西阶位置摆好桌，置酒、酒具。正宾揖礼请笄者入席。笄者于是站到席的西侧，面向南。

10.醮：正宾向着西边，有司斟酒，笄者转向北，正宾接过酒，走到笄者席前，面向笄者，祝词曰："甘醴惟厚，嘉荐令芳。拜受祭之，以定尔祥。承天之休，寿考不忘。"笄者行拜礼，接过酒。正宾回拜。笄者入席，跪着把酒洒些在地上作祭，然后持酒象征性地沾嘴唇，再将酒置于几上。有司奉上饭，笄者接过，象征性地吃一点。笄者拜，正宾答拜。笄者起身离席，站到西阶东面，面朝南。

11.取字（由父母亲、尊长或老师为之取字）：取字者起身下来面向东，主人起身下来面向西。命字者授字与笄者，笄者答之，并揖礼，取字者回礼、复位。

12.聆训：笄者跪在母亲面前，由母对其进行教诲。具体内容，由父母酌定。笄者静心聆听，听毕，答之，并对母亲行拜礼，起立。

13.笄者揖谢：笄者在女主人陪同下，先后向正宾、父兄、女客、姊妹等揖礼以示感谢。受礼者微微点头示意即可。

14.礼成：女主人面向全体参礼者宣布，女某（称字某）笄礼已成，感谢各位宾朋嘉客盛情参与，并与笄者向全场再行揖礼表示感谢。至此，笄礼结束。

举行现代成人礼必须注意的是，成人礼在于仪式的程序化，参与者神态的庄重，旨在使参与者通过这种仪式，明白自己已成人，由此担负起成人所必须承担的责任与义务，而不是只图服装新奇、气氛热闹和好玩。因为成人礼的仪式，远非童稚的游戏，更不是一种旨在取悦观众的舞台表演，切忌走过场或把它变成一种商业运作。

家 风 故 事

普米族成人礼

普米族是中国具有悠久历史和古老文化的民族之一。对于年满十三岁的普米族孩子来说，过大年对他们特别重要。因为过大年要为他们举行"穿裤子""穿裙子"礼，后他们就是成年的小伙子、小姑娘了。

女孩的成年礼叫作"穿裙子礼"，由母亲主持。小女孩走到火塘右前方的"女柱"旁，双脚分别踩在粮袋和猪膘上，右手拿着耳环、串珠、手镯等装饰品，左手拿着麻纱、麻布等日常生活用品，手上的物品象征妇女将享受的权利和承担的家庭义务。接着巫师向家祖和灶神祈祷，母亲给女孩脱去麻布长衫，换上麻布短衣，穿上百褶长裙，系上绣有图案的腰带。换上新装的

第六章 生死历程：人生礼仪

女儿向灶神和亲友叩头表示感谢，亲友送予礼品表示祝福。

男孩的成年礼叫作"穿裤子礼"，由舅舅主持。普米族保留许多母系社会遗俗，舅舅在家中地位最高。小男孩走到火塘左前方的"男柱"边，双脚踩在猪膘和粮袋上，右手握尖刀，象征勇敢；左手拿银圆，象征财富。巫师向灶神和家祖祈祷，舅舅把男孩的麻布长衫脱下来，给他穿上麻布短褂、麻布长裤，系上腰带。换上新装的男孩也要像女孩一样给灶神和亲友一一叩头，用牛角酒杯向亲友敬酒。亲友们往往送他一只羊，祝贺他日后平安吉利，牛羊成群。

举行"穿裙子礼""穿裤子礼"时，女孩或男孩的父母要举行盛大宴会，招待参加成人礼的亲朋好友。他们端给每位客人一碗骨头汤，一块肉和一些猪心猪肝，表示大家是至亲骨肉，心肝相连。宴会后，仪式才算结束。举行了"穿裙子礼"和"穿裤子礼"之后，他们便可以参加生产劳动和社交活动，真正地成为成年人了。

明媒正娶嫁娶礼

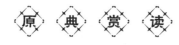

【原文】

昏（婚）礼者，将以合二姓之好，上以事宗庙，而下以继后世也，故君子重之。

——《礼记》

【译文】

结婚是一种礼仪，它能使两个不同姓氏的家族交好，对上告慰祖宗家庙，又能延续家族香火，所以，君子把婚姻当作大事。

礼仪之道

关于昏礼用昏字，古人认为男属阳，女属阴，黄昏时刻阳注阴来，此际举行结婚仪式，符合阴阳循环的道理，便于家庭的稳定，故用昏礼，后来经过文字的发展才书写成婚礼。古代下聘称纳采，所用聘礼为雁，其后因雁难得而改用茶。故下聘称下茶，女子受聘称受茶，定亲曰定茶，同房时用合茶，行三茶六礼，谓明媒正娶，于是有茶礼同昏礼之说。

从男性主动娶亲的角度来阐述，古代士人婚礼，包括纳采、问名、纳吉、纳徵、请期和亲迎六道程序，也称为"六礼"，前五个仪节都比较简单，核心内容是议定婚姻。而朱熹在《家礼》中，却细化为议婚、纳采、纳币、亲迎、妇见舅姑、庙见、婿见妇之父母等重要步骤。朱熹提出"庙见"，把原本是外姓的女子，通过婚配，视为家庭的重要成员，才能完成"上以事宗庙，而下以继后世也"的重要任务，这也是朱熹对《昏义》的恰当诠释。

议婚：男子年十六至三十岁，女子年十四至二十岁，身及主昏者，无期以上丧（没有丧事、孝服期），乃可成昏。必先使媒氏注来通言，俟女氏许之，然后纳采。

纳采：主人具书，夙兴（早起），奉以告于祠堂。乃使子弟为使者如（到）女氏，女氏主人出见使者，遂奉书以告于祠堂。出，以复书授使者，遂礼之（答谢使者，一般为宴请或具礼酬谢）。使者复命婿氏，主人复告于祠堂。

纳币：具书，遣使如女氏，女氏受书，复书，礼宾，使者复命，并同纳采之仪。

亲迎：前期一日，女氏使人张陈其婿之室（帮助男家布置新房）。厥明（第二天），婿家设位于室中，女家设次于外（外室）。初昏（迎亲的前一天傍晚），婿盛服，遂醮其子（父亲用酒饮新郎），而命之迎（打发新郎到女家迎亲）。婿出乘马至女家，俟于次（专为新郎准备的外室）。女家主人告于祠堂，遂醮其女而命之（母亲以酒饮新娘）。主人出迎，婿入奠雁（一般用木刻雁形，意为白头偕老）。姆（女家伴娘）奉女出，登车，婿乘马先妇车。至其家，导妇以入，婿妇交拜，复入，脱服，烛出，主人礼宾。

以上仪节都是由男方派使者到女家进行，而且都是在早晨行事；唯独亲迎是由新郎亲自前注女家，而且时间是在"昏"时。

第六章 生死历程：人生礼仪

妇见舅姑（公婆）：次日早起，新郎见于舅姑，舅姑礼之。见于诸尊长，若家妇（嫡长子之妻），则馈于舅姑（仅拜见公婆即可），舅姑飨之。

庙见：三日，主人以妇见于祠堂。

婿见妇之父母：次日，婿注见妇之父母（三朝新娘回门，俗称返马），次见妇党诸亲。妇家礼婿如常仪。

经过以上几道程序，婚姻关系才能正式成立，两个不同姓氏的家庭才能成为亲家而友好注来。新婚夫妇成为联系两个不同宗族友好关系的使者，也是传续两个不同血统的承载者。

必须注意的是，婚姻强调的"合二姓之好"，就是要避开同姓中遗传基因的相似性，避免近亲婚配导致"男女同姓，其生不蕃"，古人已经知道同姓结婚，后代"则相生疾"的道理，故要区分血缘，遵循"同姓不婚"的基本原则。

朱熹在"妇见舅姑"和"庙见"的次序安排方面做了调整。司马光在《书仪》中，根据"亲迎"之仪，规定男方到女方家中亲自迎亲并将新妇迎入自家之后，第二天新人要到家庙中行祭祀祖灵的仪式，即行庙见之礼。朱熹则从《仪礼》"士昏礼"的"妇人三月，然后祭行"得到启发，认为迎亲次日不宜行"庙见"之礼，且安排迎亲次日先让新妇见公婆，得到男方父母亲的认可，意味着新娘到新家取得主妇的资格。新婚夫妇于第三天才行"庙见"，可以告慰祖先，祈求得到荫护和幸福。"今亦不能三月之久，亦须第二日见舅姑，第三日庙见，乃安"。（《朱子语类》卷八十九）这一时间调整和程序变动，使其首日行夫妇礼，次日方见舅姑，第三日不得罪舅姑方得奉祭祀，符合古代《仪礼》中所言的做事从下而上的逻辑递进规律，可见朱熹的人文关怀更为合情合理。

从女方家庭角度阐述，则有嫁女之礼。古代人家嫁女儿，一般是被动等待有男孩的人家前来提婚，而不是主动提出要将自己的女儿嫁给某人。一定是通过熟人介绍双方的家庭情况，男方初步知道女方的年龄、长相、品行等情况后，再由媒婆出面牵线，双方家长都了解彼此情况，经过权衡之后，男方才会派人去说亲，女方才能接受对方的婚事直至成亲当日。当然也有长辈之间相熟，可以修书提亲，以得到对方定书后方为可行。如黄榦父亲黄瑀去世之后，其叔父修书给朱熹为其说亲。朱熹有《回黄氏定书》云："抠衣问政，夙仰吏师之贤；受币结婚，兹喜澧门之旧。远承嘉命，良慰鄙怀。令兄察院位第四令侄直卿宣教，历志为儒，久知为己。熹第二女子，服勤女事，殊不逮人，曷贪同气之求，实重量材之愧。惟异日执笄以见，倘免非仪；则他年覆瓿之传，庶无坠失。此为忻幸，曷可喻云。"大意为提起衣服，请教于你，早就敬仰你吏治上的贤声，接受你家采礼结成婚姻，是喜欢你有澧望门第旧仪，远方承受美意，实在让我感到欣慰。贵兄察院第四侄子宣教郎直卿，立志于儒学，早就是知己。我的二女儿，勤劳女红，尚没有许嫁。曷然是贪我们是同志的要求，实际是"量材"的愧意。到他日成婚时，应可以免去非常礼仪。此后，做酱覆瓿等事，就不至于有失。为此欣喜和得幸，岂可用言语表达呢！

这是诗礼之家的婚姻前奏与儒者的后虑寄望。自古以来民间流传"女怕嫁错郎"和"门当户对"，因此，前期双方的了解与考核非常重要。朱熹将自己的三个女儿嫁给与自己有密切往来的家族的成员，长女适刘学古，次女适黄榦，四女适范元裕。上面提到的《回黄氏定书》《回范氏定书》二书，就是分别针对黄榦、范元裕婚聘而言的。刘学古是朱熹义父刘子羽的孙子，长期生活在五夫。黄榦是黄瑀的儿子，朱熹首仕同安问政于黄瑀，而黄榦是朱熹的门生，刻苦好学。范元裕是范如圭的孙子，是朱熹妻子刘清四妹妹、妹夫范念德的儿子。（参看《朱熹在福建的行踪》）朱熹对刘学古、黄榦和范元裕的家庭背景与个人品行是了解的，将女儿许嫁给这等人家，有益于她们日后的和谐幸福。

古代嫁女，一般有下列程序。

纳采：在前期了解情况的基础上，当男方请人到女方家中提亲时，女方家长会对男方说客气话。这个客气话就是"纳采"。采是采择、选择的意思，是女方谦虚的说法，意思是自家女儿不过是男家选择的对象之一。

男家提亲得到允诺后，就派使者到女家致辞，并送上礼物——雁（表示不再另求他偶）。女家若同意议婚，就收纳其礼物。

问名：纳采礼毕，使者出女方家门，但并不回家，稍后再次进入女家之门，再行"问名"之礼，即询问女方父系、母系的姓氏，以了解对方的血缘关系，避免出现同姓婚配的情况，女方家长不会拒绝，坦诚相告。女方家长也通过这个渠道，了解男方父系、母系的姓氏。古人通过长期的观察，已经

第六章 生死历程：人生礼仪

明白同姓相婚子孙不能蕃息昌盛的道理，故对此持特别慎重的态度。

纳吉：男家浔知女子姓氏后要占卜以确定迎娶新娘的良辰吉日，如果浔到吉兆，就派使者到女家通报，主人闻讯后谦虚地回答说："小女不堪教育，恐不能与尊府匹配。但既已占浔吉兆，我家也同有这吉利，所以不敢推辞。"接受这个吉祥，就称为"纳吉"。

纳徽：女方接受男方的聘礼，双方的婚姻关系由此确定，相当于后世的订婚。古代聘礼是玄色和缥色的帛共五匹，鹿皮两张。

请期：男家通过占卜选定了婚期，为了表示对女家的尊重，公派使者到女家，请求指定婚期，这一仪节称为"请期"。女家主人谦辞说："还是请夫家决定吧。"于是，使者将已卜定的吉日告诉女家，且提出办理成婚仪式。女方家长应允之。

妇顺：女子在出嫁前三个月必须向女师接受有关"妇顺"的教育，地点是在公宫或者宗室，施教的科目有妇德（贞顺）、妇言（辞令）、妇容（容色）、妇功（丝麻）等，为婚后的生活做好各方面的准备。教成之后，要在宗庙举行告祭，祭品要用代表阴类的鱼、蘋藻等水中之物。

嫁女：到了成婚的那一天早上，新郎官在迎亲队伍的簇拥下来到女方家迎亲。但女方家恋恋不舍，会拖延时间，直到太阳西偏才让穿好新装的女儿行礼后，由母亲送出大门。新娘出门之前，母亲要对其谆谆告诫一番，要女儿到夫家之后，孝敬公婆，善待妯娌。父亲则告诫女儿，婚后要夙兴夜寐，勤勉做事，勤俭持家，听从长辈的意愿，维持家庭和睦。

新郎官带着未婚妻，率领迎亲队伍赶在太阳落山之前到家，达到早去晚归的昏礼要求。《礼记·曾子问》则引孔子的话说："嫁女之家，三夜不息烛，思相离也。"

回门：成婚的第三天，新婚夫妇要回娘家，拜见女方父母亲友。女方宴请。

以上讲述男婚女嫁。至于家庭是否稳固，还有其他诸多因素的影响。素有"五方之俗"的建宁府，志书有这样的记载："俗多溺女，不爱惜，春箕缣从（春米、熬药、织绢等劳作），悉绝其配合（均无人帮助），民有白首为鳏寡者。一有缓急，儿女满膝之妇（有许多子女的妇女），去之不顾，贫妇夫死未几即嫁。"而朱熹针对缔结婚姻的态度，引用司马光的一番议论，曰：

"凡议昏姻，当先查其婿与妇之性行及家法何如，勿苟慕其富贵。婿苟贤矣，今虽贫贱，安知异时不富贵乎？苟为不肖，今虽富盛，安知其异时不贫贱乎？妇者，家之所由盛衰也，苟慕其一时之富贵而娶之，波（女方）挟其富贵，鲜有不轻其夫而傲其舅姑；养成骄妒之性，异日为患，庸有极乎（哪有了处）？借使因妇财以致富，依妇势以取贵，苟有丈夫之志气者，能无愧乎？又世俗好于襁褓（婴儿）童幼之时轻许为昏，亦有指腹为昏者，及其既长，或不肖无赖，或身有恶疾，或家贫冻馁，或丧服相仍，或从宦远方，遂至弃信负约，速狱至讼（进监狱、打官司）者多多。是以先祖太尉尝曰：'吾家男女，必俟既长，然后议昏。既通书，不数月必成昏。'故终身无此悔，乃子孙所当法也。"贤与不贤，既是个人的道德品行问题，同时也是个人发展的潜在素质问题。以男女双方的人品与素质作为考察婚姻可行性的重要因素，是一种高明的见解，至今仍有现实意义。

家风故事

三媒六证牵姻缘

从前，陕西有个家财万贯、良田千顷的王员外，方圆几百里，没有一家比他家有钱。因为日子过得很舒坦，王员外不免有些沾沾自喜。有年除夕，他大笔一挥夸起海口，写了副对联。上联是"天下第一家"，下联是"要啥就有啥"。写完后自己欣赏半天，才命令仆人端端正正地贴到大门上。

没想到这事传到天上，惊动了玉皇大帝。玉皇大帝非常生气，怎么有人敢这么吹牛！于是，他命令南极星、北极星和太白金星三位星君下凡，去惩治不知天高地厚的王员外。

正月初一天刚亮，有位老道来到王员外家门前，说自己很饿，想化个馍充饥。门人刚要进去给他拿馍，老道指着对联说："我化的馍要像太行山那么大，如果拿不出来，我就要施法拿走你们家全部的家产。"王员外听到禀告，知道是那副对联惹的祸，愁得不知如何是好，只好让门人告诉老道正月初六上午来取。化馍老道点点头，转身腾云驾雾而去，原来他是南极星的化身。

化馍的刚走，随后又来一位化香油的老道，他化的香油要像海水那么多。王员外心知自己惹下了大麻烦，暗自叫苦不迭，只好让他也到正月初六来取。化油老道点点头，转身腾云驾雾而去，原来他是北极星的化身。

接下来轮到太白金星化身的老道出场了，他竟然要化块跟天一样大的布单，王员外索性也告诉他正月初六来取，于是太白金星也腾云驾雾而去。

王员外这下可愁死啦，整天吃不下睡不好，急得就差撞墙了。他疼爱的小孙子看到爷爷愁眉苦脸地唉声叹气，就问他："爷爷，您有什么愁事吗？能不能告诉我呢？也许我有办法呢！"王员外看着才十岁的小孙子，叹口气说："你这么小的孩子能有什么好办法呢？"

小孙子听爷爷说完三位老道来化缘的事，安慰爷爷说："这件事您不要再担心了，包在我身上吧，初六我来应付他们。"王员外听了更加叹气，都怪自己夸海口惹下大祸，现在连孙子也跟着学会吹牛了，真是悔不该当初啊！万贯家财眼看就要毁在自己手里了，王员外又急又气，突然病得起不来了。

转眼就到了正月初六，三位老道早早就登门来取东西。小孙子先笑嘻嘻跑出来问他们："请问三位老道长，你们想要什么啊？"小孙子听他们回答完，眨眨眼伸出小手说："那你们先把六证给我。"

三位老道面面相觑，不知道什么叫六证，一时窘在那里。小孙子哈哈笑起来："没有六证，你们还到我家来化缘啊？山东我外公白员外家有六证，你们去那借吧！"于是三位老道腾云驾雾直奔山东而去。王员外出来见小孙子把他们支到山东去了，气得大发雷霆说："你小小年纪怎么戏弄人呢？如果他们真去了你外公家，你外公去哪里找什么六证啊？"

小孙子拍拍胸脯说："爷爷，您就放心吧，我表妹知道六证是什么。"

三位老道转眼间就到了白员外家，向白员外说明来意。白员外左思右想，也没想明白外孙说的六证是什么。正不知如何是好，在一边玩耍的小孙女说："六证咱家多的是，爷爷拿来借给他们便是。"过了一会儿，小孙女捧着一个斗、一杆秤、一把尺、一面镜子、一个算盘和一把剪子跑出来，三位老道接过东西，又驾云返回陕西。

白员外埋怨小孙女说："你竟敢信口胡说，那些家常物怎么叫六证呢，这下你可给我们惹下大麻烦了！"

小孙女说："凡间所有事物，都需要六证来衡量。粮食多少斗来做证，东西重量秤来做证，布料长短尺来做证，面目真假镜子来做证，收入多少算盘来做证，衣裳裁的好坏剪子来做证，这不就是六证吗?"白员外觉得小孙女说的话蛮有道理，就放心了许多。

三位老道把六证交给小孙子，心想这下你可赖不掉了吧，看你怎么拿给我们太行山那么大的馍、海水那么多的香油、像天那么大的布单!

只见小孙子把秤递给南极星说："麻烦您先去称称太行山，然后回来按斤两给你馍。"接着他把斗交给北极星说："麻烦您去量量海水，然后回来按斗升给你香油。"最后他把尺递给太白金星，让他去量量天，然后按尺寸给他布单。

三位星君见他小小年纪就这么聪明，十分惊叹。又想那个白员外的小孙女竟然能猜出六证是什么，也是个聪明绝顶的孩子，这两个孩子真是天造地设的一对啊!三位星君顿时兴奋起来，东西也不要了，驾起祥云往来于陕西和山东之间，为两个孩子牵起了姻缘线，让他们长大后成婚。

办完此事，三位星君回到天庭禀告玉皇大帝。玉皇大帝听了非常高兴，也不再追究王员外对联的事了，于是他提笔写道:知心之人得姻缘，三媒六证做凭据。从那时起，天下人就多了三媒六证的规矩。

万寿无疆祝寿礼

【原文】

跻彼公堂，称彼兕觥，万寿无疆。

——《诗经·豳风·七月》

【译文】

踏上台阶进公堂，高高举起牛角杯，同声高祝寿无疆。

礼仪之道

人生的礼仪全部是一次性的，一生中只能通过一次，不能重复，唯独生日礼除外。周岁是孩子所过的第一个生日。此后，每到了诞辰都要过生日，大多只限于老人和小孩，给老人举行寿诞礼称"做寿"。为小孩举行寿诞礼称"过生日"。一般认为年轻人不宜过生日，有折寿之意，故当小孩周岁生日过后，越大过生日的规模就越小，十七八岁就基本不过了。到四五十岁时才正式做寿，以此祝福长寿。许多老人非常重视寿礼，子孙们也将寿礼作为尽孝的方式，竭力大操大办。

古代礼俗，男子六十岁，可举办庆寿礼。朱熹在《家礼》之《通礼》部分，也有相关内容的记载。

《家礼》中曰："上寿于家长，卑幼（下人晚辈）盛服序立，如朔望之仪（同初一、十五拜祖的仪式）。先再拜，子弟之最长者一人，进立于家长之前。幼者一人捂（插）笏执酒盏，立于其左；一人捂笏执酒注（壶），立于其右。长者捂笏，跪斟酒，祝曰：'伏愿某官备膺五福，保族宜家。'尊长饮毕，授幼者盏注，反其故处。长者出笏，俛伏兴（再拜，起），退。与卑幼皆再拜。家长命诸卑幼坐，皆再拜而坐。家长命侍者遍酢（回敬）诸卑幼，诸卑幼皆起，序立如前，俱再拜。就坐饮讫，家长命易服，皆退易便服，还复就坐。"

这个庆寿礼，由晚辈操作，过程很简约，却是长幼有序，是家族日常生活所遵行的礼仪规范，既体现了晚辈之孝顺，又反映出其不尚奢华的风格。

现代的祝寿礼比较简单。一般中老年人，皆已成家立业，过生日注注会感慨地回顾人生、展望未来，注重的是健康、荣誉与天伦之乐。老人对逢十的生日看得较重，特别是对六十、七十、八十等寿诞看得更重。

在民间还有"十全为满、满则招损"的说法，因而，采取虚年做寿的方式，六十、七十、八十虚岁生日时做寿等属此种习俗。

寿筵开始，由家人和重要贵宾致辞，大家举杯向老人祝寿。致辞可长可短，只要表达出美好的祝福就可以了。特别是对于年高体虚的寿星，仪式要简短。

现在的寿庆宴席，有两项内容似乎是必不可少的：一是要由寿星吹生日蛋糕上的蜡烛，然后分吃蛋糕（有的老人忌讳点生日蜡烛，认为点生日蜡烛含"吹灯拔蜡"之意，如果这样就不要点蜡烛了）。二是要吃面条，以讨长寿的口彩。寿宴结束后还可以安排其他娱乐活动。

还有子女在为老人祝寿时举行生日舞会。举办生日舞会，一定要布置得雅致、祥和，例如可以摆放一些花草、盆景，灯光缓和，且适宜采用金黄的暖色调，点缀些红色以显喜庆。选用的舞曲宜选舒缓、优美的舞曲或老歌。如果是自家小型的寿礼，则可简易一些，以叙家常、自娱自乐为主，唱唱歌，做做游戏也可以。要注意的一点是，选择祝寿形式一定要考虑寿星的性格脾气和习惯特点，如年事已高的不宜办舞会。因此，安排活动要事先征求老人的意见。

给寿星拜寿的宾客或亲朋好友要衣装整洁，最好穿着色调明快的服装，忌穿全黑、全白或只有黑白图案的服装。说话要恭敬，避免不吉利或易引起不快的语言。祝词可以是对老人祝福庆贺，也可以是赞美老人取得的成绩或做出的贡献，还可以表达尊敬或友谊之情。

来客都应当选择好祝寿礼品，应以祝贺老人健康长寿为中心，可以送寿桃、寿糕、寿面、寿烛、寿屏、寿幛、寿联、寿画等，字画多以松、鹤为内容；可以送对方喜欢的工艺品，也可以送好酒好茶、手杖等老年用品或服饰等。现代生活中，又十分流行送花，花篮和盆花均可，一般送代表健康长寿的文竹、万年青、小榕树、罗汉松等。可以购置一些保健器材作为祝寿礼，如电子按摩仪、健身球或其他保健用品等。

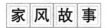

女婿们的寿礼

从前，揭阳县锡场乡锡东村有一农民叫林兴胜，为人勤劳俭朴，正直老实。他种的十多亩稻谷、麻豆、薯、蔗、瓜等农作物，总比人家多收几成。因此，家境一天比一天富裕起来，乡里人都称他为"种田员外"。

林兴胜娶妻黄氏，系揭阳县城北门街人。黄氏有三姐妹，她排行为长。三姐妹中唯独她嫁给农村种田人，两个妹妹都嫁在榕城，夫家是经营生意的有钱人。两个有钱的妹妹、妹婿仗着自己有点家财，很看不起种田的大姐、大丈。林兴胜夫妻看在眼里，气在心里，商量好要找个机会羞一羞他们，以出心中这口闷气。

一天，岳母七十大寿，三对女儿女婿都来为她老人家庆寿。这日一早，兴胜打发妻子先去娘家帮忙，自己却挑起肥粪到菜园浇完菜园后，才回家洗脚洗手换衫裤，提着一篮寿礼到城里岳家去祝寿。二位同门丈早已在客厅里等得不耐烦，见林兴胜到这时才来，不但不站起来迎接，还装作没有看见他，并盘着二郎腿嘲讽说："今天好日子，才有黄脚蜢蜞爬上县城里。"林兴胜一听知道是二个县城仔在讥笑他。但他也不生气，话中有话地说："别看黄脚蜢蜞无架势，它爬上哪家，哪家就有福气。"

二位同门丈见大丈口出大言，便问他："今天岳母生日，未知大丈送来什么贺礼？"兴胜听出其话外之意，笑笑地答道："种田人，没有什么贵重的礼物，只顺手摸了一篮大田螺来给岳母祝寿。"两个同门丈和妻姨们听后都哈哈大笑起来。岳母娘恐大女婿被笑得不好意思，忙出来圆场说："田螺我最喜欢吃，宴上更可添上一样美味了！"二女婿听岳母这么说，很不服气地反问岳母："我的大猪腿，肥鸡鸭，难道比带泥味的田螺还差？"二女婿也紧接着说："我送来的山珍海味岂会输过田里生的螺？"兴胜笑着代岳母回答说："吃后比一比，才知道滋味！"岳母连连点头道："对！对！大郎快快把田螺倒出来做菜！"兴胜见岳母这样说，当即将篮盖揭开，把田螺往地上一倒，只见亮闪闪的银圆，哗啦啦地落了一地。众人一看，无不目瞪口呆。兴胜即满不在乎地对岳母说："这点薄礼，作为岳母七十大寿的贺仪，你老人家尽管多买些山味海珍来吃。以后只要岳母说一声，我还可把田螺捉来，田里有的是！"一席话，说得二位同门丈和妻姨们羞惭满面，无地自容。

谨言慎行探病礼

【原文】

问疾弗能遗，不问其所欲。

——《礼记》

【译文】

探视病人，若拿不出东西馈赠，就不要问病人需要什么。

礼仪之道

当亲友、同事、同学患病时，前往探望、慰问是人之常情，也是一种礼节。探望病人时，首先应选择适当时机，尽量避开病人休息和医疗时间。由于病人的饮食和睡眠比常人更为重要，所以不宜在早晨、中午、深夜以及病人吃饭或休息时间前往探视。如果是探望住院的病人，还应在医院规定的时间内前往。若病人正在休息，应不予打扰，可稍候或留言相告。

探望病人的时候还应该注意以下几点。

1. 了解情况。探望病人前，应该事先尽可能了解病人的病情及病人的心理状况，以便考虑能带上适合的礼物，并能恰当地安慰病人。

2. 探访时间。一般情况下，清早、吃饭时、饭后休息、傍晚和夜间是病人必须静养的时候，应避免在这些时间前去探望。上午 10 时至 11 时，下午 2 时至 4 时是最佳探望病人的时间。当然，还要考虑到医院规定的探视时间。探望病人时不能在病人的房间里待得过久。过久不仅会使病人感到疲劳，还会妨碍其他病人的休息。一般时间应掌握在 20 分钟左右。

3. 有关探病话题。在与病人交谈时，选择的话题需要特别留心，因为病人此时会变得很敏感，话题应尽量明朗轻松。如谈些外面的趣闻，让病人的心情愉快起来，尽可能不要在病人面前谈及他的病情及可能带来的后遗症。不要向病人介绍道听途说的偏方、秘方，不推荐未经临床实验的药物。注意不要自己滔滔不绝地说。对于一些不便当着病人面交谈的话题，可在离别时与其亲属到门外再谈。

4.告辞。告辞时，应该问一下病人是否有什么需要帮助办理的事情，并嘱咐病人安心养病。

探望发高烧的病人，可送有生津止渴作用的西瓜、橘子或橘子汁等。高烧病人出汗多，排钾量增加，西瓜、橘子中含较多的钾，可以补充不足。

探望患呼吸道感染的病人，患慢性气管炎、肺气肿的病人。可送有补肺益肾作用的核桃。对咯血的病人，可送有利于养阴补肺的白木耳和有止血功能的黑木耳。

探望腹泻的病人，可送苹果、杨梅、石榴等水果，这些水果有收敛止泻的功效。对于久泻不止的病人，可送有健脾止泻功能的莲心、百合、藕粉等食品。

探望高血压、动脉硬化的病人，可送山楂、橘子、蜂蜜等食品，这些食品可降低血压，减缓血管硬化的发展。

探望肝炎病人，可送些新鲜的水果或营养丰富的鸡蛋、鱼、麦乳精、蜂蜜等。对于慢性肝炎病人，最好送甲鱼。甲鱼含丰富的蛋白质，有养阴清热的功能，对慢性肝炎的恢复有益。有证据表明，鲜花是常见的过敏源，可能引发或加重多种疾病。加上卖花者常在花篮上喷洒香水，就更容易诱发过敏性疾病，加重皮肤及呼吸道的病情。因此，在探视呼吸道疾病、过敏性疾病、有伤口或免疫力低下的病人，如烧伤、外伤、艾滋病、刚动过手术，尤其是接受了器官移植手术的病人时，不要送鲜花。

家 风 故 事

成敬奇探病

成敬奇才智过人，写文章一气呵成，官任大理寺正卿，跟宰相姚崇有姻亲的关系。一次，姚崇有病卧床，成敬奇特意到相府拜访探问病情。他来到姚崇卧室，面对姚崇泪流满面，怀中放着几只活雀，一一拿出，让姚崇在手中拿一会儿再放生。并祝福说："希望您早日病体痊愈！"姚崇勉强照着这样做。待成敬奇告辞离去后，姚崇显露出讨厌他这种故作阿谀谄媚的神情，并对身旁的子弟们说："我真不知道他的眼泪是从哪里流出来的？"从此以后，姚崇再也不和成敬奇交往。

《成敬奇探病》这个故事告诉我们这样一个道理：成敬奇本来很有才，但因马屁拍得太直接，肉麻过火而讨人嫌，反而断送了自己的前程。

诸葛亮探病

诸葛亮阔步跨进周瑜大帐，高声说："几天不见，都督怎么就病了？"其实他是明知故问。"嗨……"周瑜叹道，"人有旦夕祸福啊！"诸葛亮笑着说："应该是天有不测风云吧！"周瑜一惊，然后假装呻吟起来。诸葛亮说："都督的病是气血淤积所致，必须先理顺气血，才能除病。"周瑜赶忙问："您看吃什么药呢？"诸葛亮笑着回答："我有一个良方，都督用后一定会气顺的。"于是诸葛亮拿过笔，胡乱画了几笔，递给周瑜。诸葛亮说："这是都督的病源啊。"周瑜接过一看，大惊，不禁心中感叹："诸葛亮真是神人，早已知道我的心事。早知这样，不如早将实情告诉他。"诸葛亮写的是：欲破曹公，宜用火攻，万事俱备，只欠东风。

第六章

生死历程：人生礼仪

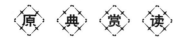

悲亲回乡奔丧礼

【原文】

始闻亲丧，以哭答使者，尽哀；问故，又尽哀。遂行，日行百里，不以夜行。唯父母丧，见星而行，见星而舍。若未得行，则成服而后行。

——《礼记》

【译文】

一听说亲人有丧事，要哭着与送信的人问答，表示无尽的哀思；当问明原因，又陷入哀思之中。然后出发，日行百里，晚上不前行。只有父母的丧事，晚上也赶路。如果赶不上，就要穿着丧服然后回家奔丧。

礼仪之道

奔丧是指从外地急忙赶回去处理长辈亲属的丧事。汉族丧礼仪式之一。即居他处闻丧归，并服丧。

闻丧奔丧：这是指孝子出门在外，父母过世，家人派遣使者前往其处报知后，孝子在闻讯后的应行礼节。当孝子得到信息后，必须用哭来答谢使者，然后询问父母逝世的因由，并即更换孝服（可临时用白布制成简易的衣服），用草结成腰带，换穿草鞋，随使者回程，尽快赶到家。途中伤心时则哭，但要避开集市人多的地方。到了家乡境内，见到家乡的州境、县境或者城市、家住处都要哭，表示对亲人的怀念。

进入家门，立即到柩前或者尸前拜后，再更换孝服（初换的孝服穿初丧服，待小敛时再换孝服，后第四日换成服），就孝位举哀。

礼
倡导文明树新风
178

如果在外因故实在不能回家居丧，则在居处设灵位以代尸柩，在灵位的前后左右都设吊奠位子，举丧仪式与在家同，但不设奠（不焚香上祭，仅举哀哭吊）。

第四日也要换孝服。如果死者家中没有子孙而孝子不能归丧，孝子则应在居所设灵，行朝夕祭奠礼仪。

如果因路远没有赶上送殡，返家前应先至墓前哭拜，仪式与在家相同，未成服即在墓前变服，返家后则到灵前哭拜。第四日成服与奠仪同。已成服者同样进行上述仪式，但不变服。

孙子、女儿、侄儿等在外闻丧讯，先在居处的正堂或别室设灵位而哭拜，不一定要奔丧。如果奔丧，至家再成服。再远一辈的人，只望乡而哭……其下还有"会哭""月朔会哭"及月数既满后次月朔日之"会哭"等礼节。

这些礼节，是古代初丧的礼节，由于停殡待葬的时间长短不一，其举哀程序亦有差别。

现代丧祭礼仪源于古代丧祭习俗，随着社会的发展而经历了不断的演变和革新，比较适应社会的需要。

通常在死者确认死亡之后，即将尸体送注太平间。如在其他处所死亡，也不抬回家中而直接送注医院太平间。如果丧祭礼仪在家里举办，则将尸体移放在丧家厅堂。

死者死亡之后，亲属立即打电话、发电子邮件或登门口头通报，将消息尽早告知亲友。

要给死者进行简单的擦洗、饰容、更衣、着装是必不可少的。根据死者生前对家人的交代，可以穿"寿衣"，也可以穿生前常穿的比较整洁的服装，以显示死者生前的安详仪容。

用文书形式向亲友和社会比较详细地通报，告知死者的姓名、身份、死因、逝世日期、时间、地点，死者生前简介以及给死者吊唁、告别仪式的时间和地点。

人死了，举行遗体告别仪式，以寄托我们的哀思，这是现代丧祭礼仪中最重要的内容。告别仪式可以在殡仪馆专设的礼堂进行，也可以在丧家寓所设置灵堂举行。仪式前，安放好死者遗像、灵位，挂好挽联、挽幛和花圈，

第六章 生死历程：人生礼仪

准备小白纸花，并接送和组织参加告别仪式的亲友到场。丧家亲属按照辈系排立灵台右侧，参加告别仪式的亲友胸前佩戴小白花列队站立于灵台前方。按照预定的时间，就可以开始告别仪式了。

家风故事

云敬葬师

西汉末年王莽专政，引起全国上下的不满。他横征暴敛，刑罚严苛，给百姓摊派了繁重的赋税和徭役。他毒死汉平帝，自称帝王，他滥加封赏，又不断挑起对匈奴地区，以及东北西南各族的战争。人们对他的不满情绪日渐高涨。

王莽篡政，逼令汉朝皇帝的母亲以及皇后外家留住中山，不得到京师来面见皇上。王莽的长子王宇深表不平。想到孔子所说的"为仁由己，而由人乎哉"，王宇决定挺身而出，仗义执言。他去向他的老师吴章求教，商讨如何能够遏止王莽的种种恶行。吴章认为，王莽此时怙恶不悛，一意孤行，而且又大权在握，他是无法听得进任何人的规劝的。他做事狠戾凶残，不循从道德良心做事，而且又喜欢装神弄鬼，对鬼神灵异的那些神神怪怪的说法深信不疑。所以不如就顺水推舟，搞一些鬼怪的神异事件来吓唬吓唬他。再套用那些歪理邪说，说明他已经众叛亲离，天怒人怨，连上天都将要降下大祸于他，从而逼他退位，永绝后患。

王宇觉得这个办法很好，于是就派吕宽提着一桶血，在半夜三更四下无人的时候，把疹人的血水泼洒在王莽的大门上。仿佛是鬼神留下的诰谕，希望他迷途知返，不要再为非作歹、滥杀无辜。然而吕宽的行为，却被守夜的门卫查知，事情很快就败露了。丧尽天良的王莽，不但亲手害死了自己的儿子，对怀有身孕的儿媳也痛下了毒手。

不但如此，王莽还诛杀了皇后的娘家卫氏家族的族人，并借机铲除异己。在这次事变中，被无辜害死的人达一百多人。身为儒林领袖，吴章为他常怀于心的道德节义，用生命的代价，写下了最为重要的一笔，他威而不屈坦然就义，最终被王莽下令施以酷刑。残忍至极的王莽派人将他的肢体一节一节地割下，腰斩于东市门外。

吴章是一代大儒，追随他的弟子达一千余人。王莽认为他们全都是同党同伙的恶人，要全都禁锢关押起来，其中更不允许任何人留在朝廷中做官。谁都清楚王莽的做派，连自己亲生儿子都敢痛下毒手的人，还有什么事情做不出来！为了躲避突如其来的横祸，也为了继续保有仕途上的光明前程，吴章的学生们开始在朝野中，公然宣称自己不是吴章的学生，而早已师从其他某某人，早就不在吴章门下了。

当时云敞官居大司徒掾，老师的惨死使他悲伤欲绝。每每想起老师深切的爱护和不倦的教导，那师徒如父子般至亲至爱的天伦之情和老师那道义浩然的举手投足、一言一动，不住地在他的脑海中盘旋荡漾。老师终其一生守仁守义直到尽处，他笃行不息的言传身教，长长远远地活在了学生的心中，纵使历经岁月流逝也永远都不会消失。云敞决心挺身而出，为最为敬爱的老师，谨守为人学生的一点微不足道的情义。

当时正值风雨飘摇、局势动荡的剑拔弩张之时，云敞一路哭号跪拜着来到老师体无完肤的尸首前，肝肠欲碎。他大呼着自己就是吴章的学生，他悲切的哭声蕴含着对老师至深的追念，他将老师的尸首一块一块小心翼翼地包好，护在自己的怀中，泣不成声举不成步地哭号着回去。他不畏惧天下的人都知道他是吴章的学生，他不畏惧自此而后他就是冲在最前方的恶党与罪魁，他只知道老师坚守仁义直到最后，而他自己终生实践的正是老师最深切的教诲。

云敞公然按照师礼把老师的尸首敛棺而葬，他悲切的哀号之声倾动了朝野，使整个京师的人都为之瞩目。车骑将军王舜被他的义行深深感动了，他赞美云敞就如同栾布一样地有情有义，并推荐他为中郎谏大夫。云敞一再以生病为由，避隐在家终老余生。

第六章——生死历程：人生礼仪

人鬼殊途行丧礼

【原文】

宾礼每进以让，丧礼每加以远。浴于中溜，饭于牖下，小敛于户内，大敛于阼，殡于客位，祖于庭，葬于墓，所以示远也。殷人吊于圹，周人吊于家，示民不偝也。

——《礼记》

【译文】

行宾礼时，每逢进门、升堂都要互相谦让；而行丧礼时，每一个仪式的完成，都意味着死者离家更加遥远。人死以后，首先是在室中浴尸，接着是在南窗之下饭含，然后在门内举行小敛，在阼阶举行大敛，在西阶停殡，迁柩于家庙之中举行祖奠，最后葬于墓穴，借以表示死者离开生者越来越远了。殷人在墓地上吊慰死者家属，周人是在死者家属从墓地返回家中以后才进行吊慰，这是教育人们不要忘记死者。

礼 仪 之 道

生老病死是动物界包括人类在内都必须面对的现实。一般而言，老年人如果患严重疾病，就有可能导致生命的终结。有经验的人，在医者诊断病人为不可继续生存者时，就将其迁居正寝，内外安静，以让其气绝。病人咽气后，家人才敢放声大哭。

尽管死亡已经成为现实，但亲人却无法接受，认为是假死，要将离窍的魂给招回来……

古礼对丧事极为慎重，处理丧事必须遁规蹈矩，因此，首先要立治丧组。

治丧组由主丧丧主（一般以死者的嫡子或庶出长子为丧主，无，则以长孙担任）、主妇（死者之妻，无妻由丧主之妻担任）、护丧（由死者众子中选能干者任之）、司书、司货（由众子弟或亲朋任之）组成。

丧主的职责是负孝子应负担的礼节。主妇负担家中女眷服侍和祭奠事宜。护丧负责全部丧事的安排指挥，司书负责悼词、祭辞等各类礼帖文字的书写和处理，司货负责丧事中所需用的物资购置。招待来宾吊唁则请亲朋中较有德望者为之。

治丧组成立后，各负其责。丧主及死者家属，更换丧服（妻子、妇女都脱去簪发首饰；孝子、孝孙左袒上衣，赤脚），凡有孝服关系的人，都必须换去华丽的衣服和衣饰。死者父母和出嫁的姐妹不须披发，女婿、表亲亦无须袒服和赤脚。

死者的子女亲属在其临终后的三日内，孝服期九个月的，不得饮食（包括未出嫁的姐妹、堂姐妹、亲侄女，亲兄弟、众子、侄儿等）；孝服期五个月或三个月的（出嫁后的堂姐妹以及堂兄弟、未出嫁的堂侄女和侄孙女）二日不食。亲戚邻里，都食粥表示致哀。长辈身体健康的可少食。

讣告亲友：尽快将噩耗告知相关人员，主要是本族成员、姻亲、僚友等。

1.丧家在大门外贴出讣告，率先告知邻里。

2.护丧、司书协作发出讣书。若没有司书者，则丧主亲自讣告亲戚，但不讣告僚友。如友人自有来问询者，或以书来吊唁，书到时，丧主、主妇必须举哀卒哭，然后答礼。

3.闻噩耗后，亲友应在最短时间内赶到丧家吊唁，以向亡故者告别，且向丧家表示慰问。

遗体处置：事先准备好器物、衣服、鞋帽等。

1.执事者设帏帐布幕，置好灵床，设帏帐在灵床上，床上放置草席和枕头，然后迁尸其上（灵床南北向，置尸应将头朝南），盖好被单。同时，在灵床附近掘坎一处备用。

2.浴尸。即给亡者洗发、梳头、净身。侍者以汤入，丧主以下的人都避出帏外。侍者为尸洗发，梳理头发，绾成发髻，再洗尸身，剪去指甲，然后将浴水和指甲等弃于先掘好的坎中，掩土埋之。

3.更衣。侍者套好尸服（一般有腰带、深衣、袍袄、汗衫、裤袜、勒帛、裹肚之类）。先脱去死者病时或临终的衣服，再换上新衣服。

4.饭含。更衣后将尸身移置厅堂中间的灵床上（幼者或下人则置于其卧室中），丧主脱去左袖，并将袖由前胸绕过插在腰右，洗手将炒半熟的米，喂入尸口，再加铜钱二枚，一枚放在尸口左边，一枚放在中间，然后盖上遮面布，塞上两耳，着袜、穿鞋、裹手、枕首、垫脚……整理完毕，即撤去原先为尸沐浴设置的床席，置于室外让夜露露洗。

设奠立位：在处置尸体的同时，设置祭奠灵位。执事者在灵前设置供桌（香案），备三牲（肉类、饭馔和果酒），丧主拜请来主奠人，致辞，行奠尸礼（未请主奠人，则由亲戚当任）。

奠尸礼仪：丧主和亲属依序举哀哭泣，序列为丧主坐在灵床东头，面北；众男女要服三年孝者（如长孙等）都坐在丧主的下位，位子都铺稻草或其他干草，同族服大小功期的依次坐于其后；属于长辈的，按大小坐在灵床东侧北壁下，南向西上，可以铺草席就座。主妇、众亲属妇女都坐在灵床的西头，同族妇女以孝服为序，坐在后面，长辈妇女按大小在西侧北壁下坐，可以铺草席。奠仪后再行祭祀仪礼，其位列序列不变。入夜，丧主（孝子、众子、孙、主妇、女及近亲）均要交替守灵。外亲则回家，不必参加守灵。

灵座魂帛铭旌：此节仪礼与处置遗体同步进行。灵床安置完毕，立即设置灵床前的香案，置牌位、魂帛和铭旌。并设一衣架于尸南，架上盖白绢或白布；再结白绢为魂帛，旋转在香案前旁椅子上。香案上要置香炉、香盒、玟杯、果酒。侍者在早晚置梳具和盥具、蔬果、饭食于灵前，形式与等级像在生前一样。立铭旌用绛（赤或红色）帛为之，幅面：三品以宽绢整幅，长度九尺；五品以上八尺；六品以下七尺，上写"某官某公之柩"。无官，即随其生时所称，以竹为杠，倚在灵座右旁。

以上各项步骤，都是在头一天内进行的。挚友和亲厚之人，此时可以举哀哭灵。丧主在未成服前，有亲友哭吊者，应当穿深色衣，到尸旁陪哭尽哀。亲友吊毕，再拜灵座上香，丧主要致哀卒哭相对，尽礼以答谢亲友。

小敛：死者咽气后的第二天一早，要为死者加穿下葬衣，加盖被盖，作入棺前（大敛）的准备。这节礼仪在厅堂内进行。程序大致是：备齐敛服、器具；设置为死者整容的用品；请人为死者进行整容后，再行加衣。在小敛过程中，丧主和家人、近亲都要进行祭奠和举哀，以尽抚慰死者之情。

大敛：小敛后的第二天（即死后的第三天），要进行大敛（入棺）礼。这节仪式，有些家族信奉宗教的，则需要听从宗教司仪人员的安排。其仪式程序大致与小敛相同，但多了抬棺没人（俗称八仙）参与。丧主和家人亲友，必须致哀哭泣。尸体入棺，当要盖棺时，主妇和妇女，均要退避幕后，待整棺完成后，方出幕举哀哭奠。此时，丧主以下各按规制，中门之外，选择陋室给男子作守孝居室，孝子卧草席，枕砖块，不脱披麻孝服，不和人共坐。齐衰卧席，大功以下，住在别处者出殡后可回家住，但要住在原卧室之外，一月后方能入寝室住。妇女在中门内选别室，或在柩的侧旁选一房间住宿（房内不能挂帐和华丽饰物，被褥均需素色），也不能到男子住室去。

大敛的第二天一早，五服之人（子、未嫁之女、嗣子、孙、妻妾等）各穿应穿的孝服，入序位，然后举早哀（朝哭），并行吊仪。其孝服规制：一为斩衰，服期三年；二为齐衰，服期三年；三为大功，服期九个月；四为小功，服期五个月；五为缌麻，服期三个月。儿子辈和嫁出的女儿，其丧服降下一等。成服之日，丧主及其兄弟等人，可以吃些米粥。如果原已有重丧，服期尚未除而又遭轻丧，则按规制举哀。每月初一设灵位，穿丧服举哀哭之，礼毕既返服原来重丧之孝服，直至服期满服除为止。如果重丧已满，而轻丧未满，则改服轻孝服，以满孝期。

早晚哀奠：奠是在灵柩落葬之前所举行的祭祀活动，分别是在早和晚进行。早奠（朝奠）：每日晨起，主人以下穿孝服就位；长辈坐，晚辈立，举哀哭吊；侍者设置洗盥器具于灵柩侧，奉魂帛置灵座，然后进行祭奠。祭奠时，执事者设蔬果、三牲等；司祭洗手，焚香，斟酒；丧主以下再拜，哭尽哀。晚奠仪程与早奠同。祭毕，丧主以下奉魂帛入，就灵床。哭无时，是除了早晚吊奠礼仪外，有宾朋来吊，即时举哀哭于灵前，以致谢来宾。

上食：每至三餐时，即要为灵上食，仪节同早晚祭奠。逢初一日，则要用鱼肉面食以及汤饭各具一色，按奠仪进行。如有新的菜馔和新果，必须上供祭之。

吊奠赙：这节礼仪，是友人用钱来帮助丧家办丧事时，丧家举行告慰亡灵的礼节。当助者吊唁时，均穿素服（帽子、腰带均以白生绢为之），丧家具香茶酒果。祭奠人备祭文，"赙"（奠金）用钱币，先用名刺（名片之类）通名。如果丧家和祭者都有官衔，就要写"门状"（身份和官衔），使

第六章——生死历程：人生礼仪

人先通知丧家，礼物和奠金与门状同时送入，然后入内进行吊奠。丧主点烛焚香、布席、举哀以待，护丧人出迎来宾。宾入进揖告说："窃闻某人倾疹（去世），不胜惊悼（悲伤），敢请入酹（祭奠），并伸慰意。"护丧引宾至灵前致哀、再拜、焚香、酹茶酒、再拜。讫司丧人跪读祭文，毕，将祭文焚于灵前。宾主皆举哀哭吊。宾再拜，丧主送宾出，面西为宾稽首（叩头）再拜，宾亦哭，向东答丧主之拜，并向丧主进言说："不意凶变，某亲某官，奄忽倾背（突然去世），伏帷哀慕，何以堪处（难以忍受）。"丧主答言说："某罪逆深重，祸延某亲，伏蒙奠酹，并赐临慰，不胜哀感。"又再拜，宾答礼哭尽哀。宾先止哭，再宽慰丧主说："修短有数（人的命长短有定数），痛毒奈何（不要过分悲伤），愿抑孝思（抑制伤感），俯从礼制。"随相揖而出。丧主哭着回到屋内，护丧送至厅中，茶汤而退，丧主以下止哭。如果死者官阶比吊祭者高，祭文要用"薨逝"；平级或稍高，就用"捐馆"；祭者官阶比死者高，则用"奄弃荣养"；如果死者无官阶，祭者亦无官阶，即用"色养"；如果是长辈来祭奠，仪节相同，但措辞略异。

家风故事

尤秀才巧计卖烧纸

很早以前，有个秀才名叫尤文。因为寒窗苦读十多年也没考中举人，索性弃笔从商，投到蔡伦门下，向他学习造纸术。尤文既聪明又勤快，深得蔡伦的真传。

蔡伦死后，尤文继承了蔡伦的事业。不愧是青出于蓝而胜于蓝，尤文的造纸技术越来越高，造的纸又多又好用。可是，当时用纸的人并不多，以致造出的纸越积越多，堆在库房里就像一座小山似的，使尤文没了流通的钱。

纸卖不出去，眼看师傅一生的心血就要毁在自己手里，尤文顿时急火攻心，卧床不起，三天没到就闭上眼睛去世了。尤文的妻子哭得昏天地暗，让人见了十分心疼，大家都来帮她料理后事。

谈到陪葬的时候，尤文的妻子说："家里穷，实在是没什么东西可以陪葬，就把堆在库房的纸烧了给他陪葬吧。"

于是，尤文的妻子跪在丈夫灵前，把纸一张张折起来在火盆里烧。到了第二天，尤文突然坐起来喊道："快烧纸，快烧纸，快给阎王爷送钱!"大家都以为尤文挺尸了，吓得惊恐万分，四处躲藏。

尤文喊住大家说："你们不要害怕，是你们烧的纸到阴曹地府变成了钱，我还清了债，阎王爷就放我回来了。"大家听了欢天喜地，赶紧又烧了很多纸。

一个有钱有势的老员外听了传闻后将信将疑，前来问尤文说："我们家都是用真金白银陪葬，难道还比不上你的纸值钱?"

尤文回答说："金银是阳间之物，带不到阴曹地府。老爷您若不信，可以打开祖坟，那些陪葬的金银保证分毫不少。"老员外听了点点头，买了很多纸回去。这下尤文的纸大卖起来，库房里的纸很快就卖光啦。

其实，这一切都是尤文和妻子为了卖纸想出来的主意，尤文根本不是死而复生，而是在装死。他这一装死，就把给死人烧纸的习俗流传下来了。

亲疏有别丧服礼

原 典 赏 读

【原文】

亲亲，以三为五，以五为九。上杀，下杀，旁杀，而亲毕矣。

——《礼记》

【译文】

凡人之亲其所亲，首先是上亲父，下亲子，形成三辈相亲。然后由父而亲祖，由亲子而亲孙，扩展为五辈相亲。在五辈相亲的基础上，再往上推，亲及曾祖、高祖；再往下推，亲及曾孙、玄孙，这样就扩展为九辈相亲。由父亲往上，血缘关系愈远，亲情愈薄，丧服愈轻；由儿子往下，血缘关系愈远，亲情愈薄，丧

服愈轻；在旁系亲属中，和自己血缘关系愈远，亲情愈薄，丧服愈轻。这样向上逐代减损，向下逐代减损，向旁逐代减损，亲情关系就完结了。

礼 仪 之 道

不同的人，在丧礼的不同阶段，包括丧服、帽子、鞋袜在内的服饰是不同的。《仪礼·丧服》规定，丧服由重至轻分别为斩衰、齐衰、大功、小功、缌麻五个等级，称为五服。五服分别适用于与死者亲疏远近不等的各种亲属，每一种服制都有特定的居丧服饰、居丧时间和行为限制。

一、斩衰

这是最重的丧服，适用于子为父、未嫁之女为父、嫁后因故复从父居之女为父、嗣子为所嗣之父、承重孙为祖父、妻妾为夫、父为长子。明清二代规定子（包括未嫁之女及嫁后复归之女）为母（包括嫡母、继母、生母）也服斩衰。子女为父母服最重之丧，这容易理解，妻妾为夫也不难理解，因为这都是以卑对尊，但父为长子却是以尊对卑，为什么要服斩衰呢？长子指嫡妻（正妻）所生的第一个儿子，如嫡妻无子，则"有嫡立嫡，无嫡立长"，可在妾所生之子中立最年长的一个为长子。长子是家族正统所系，同被称为庶子的其他诸子相比，具有特殊的地位。"父为长子"，这里所称的父，必须本身就是长子，是上继父、祖、曾祖、高祖的正嫡，他的长子将来要继承正嫡的地位，是先祖正体的延续，承受宗庙付托之重。在这种情况下，长子先死，父为之服重丧，一则表示为自己的宗族失去可以传为宗庙主的重要人物而极度悲痛，二则表示对祖宗的尊敬。秦汉以后，随着典型的宗法制度的瓦解，斩衰中父为长子服重丧这一项，一般说来也就不再实行了。

二、齐衰

这是次于斩衰的第二等丧服，本身又分四个等级：齐衰三年，齐衰杖期，齐衰不杖期，齐衰三月。

齐衰三年：适用于在父已先逝世的情况下，子及未嫁之女、嫁后复归之女为母，母为长子。父母虽然同为子女的生身之亲，但在宗法社会中，父为一家之长，父母的地位是不平等的。又因为男女不平等，夫为妻只服齐衰杖期，父在而母卒，其子所服不能重于父亲，也只能跟着服齐衰杖期；如果父已先卒，则可以加重丧服，但仍为父的余尊所厌，所以服次于斩衰一等的齐衰三年。对继母的丧服，与亲生母相同，这是由于继母与自己虽无血缘关系，但她是父亲的正式配偶，地位与亲生母亲一样，所谓"继母如母"，服制也就没有区别。

三、大功

又次于齐衰一等，适用于为从父兄弟（伯叔父之子，即堂兄弟）、已嫁之姑母、姊妹、女儿，未嫁之从父姊妹（伯叔父之女，即堂姊妹）及孙女，嫡长孙之外的众孙（包括未嫁的孙女），嫡长子之妻。此外，已嫁之女为兄弟及兄弟之子（侄），已嫁、未嫁之女为伯叔父母、姑母、姊妹，妻为夫之祖父母、伯叔父母以及夫之兄弟之女已嫁者、出嗣之子为同父兄弟及未嫁姊妹，也都是大功之服。

四、小功

又次于大功一等，适用于为从祖父母（父亲的伯叔父母）、堂伯叔父母（父亲的堂兄弟及其配偶）、从祖兄弟（父亲的堂兄弟之子）、已嫁之从父姊妹及孙女、长子外的诸子之妻、未嫁之从祖姑姊妹（父亲的伯叔父之女及孙女）、外祖父母、从母（姨母）。此外，妻为娣姒（妯娌）、夫之姑母、姊妹，出嗣之子为同父姊妹之已嫁者，也服小功。

五、缌麻

这是最轻一等的丧服。适用于为族曾祖父母（祖父的伯叔父母）、族祖父母（祖父的堂兄弟及其配偶）、族父母（祖父的堂兄弟之子及其配偶）、族兄弟（祖父的堂兄弟之孙）、从祖兄弟之子、曾孙、玄孙、已嫁之从祖姑姊妹、长孙之外的诸孙之妻、姑祖母、姑表兄弟、舅表兄弟、姨表兄弟、岳父母、舅父、女婿、外甥、外孙。此外，妻为夫之曾祖父母、伯叔祖父母、从祖父母、从父兄弟之妻，也都有缌麻之服。

对斩衰三年、齐衰三年、齐衰杖期、齐衰不杖期、大功、小功的丧服，还有受服的规定，也就是在居丧一定时间后，丧服可由重变轻。三年之丧，其间受服五次，大功、小功丧期较短，仅受服一次。

丧服的制定主要考虑宗族关系，但在西周、春秋，君统和宗统往往是一致的，所以《丧服》中还规定了诸侯为天子，大夫、士、庶人为君（此指诸侯）、公、士、大夫之众臣（仆隶）为其君（此指主人）的不同丧服。后世

第六章 生死历程：人生礼仪

帝王去世，在一定时间内，国内禁止婚娶和一切娱乐活动，全体臣民都要为之服丧，称为国丧。奴仆为主人服丧，也被看作是天经地义的事。

东汉以后，服斩衰之丧者如是现任官员，必须离职成服，归家守制（守丧），叫作丁艰或丁忧。父丧称丁外艰或丁外忧，母丧称丁内艰或丁内忧。至丧期结束，才能复职。在特殊情况下，皇帝以处理军国大事的需要为理由，不让高级官员离职守制，称为夺情，但遵旨依旧任职视事者注注被攻击为有悖人伦，要承受极大的舆论压力。在科举时代，士子遇斩衰之丧，在丧期内也不得应考。如得到父母亡故消息故意隐瞒，不离职奔丧，叫作匿丧，被发现后，会受到严厉处分，而且为人们所不齿。

服丧期间，不守礼制而游戏作乐、外出宴饮、嫁娶生子、匿丧求官等，会被视为悖逆人性会受到舆论的谴责。

家 风 故 事

兄弟忏悔披麻衣

很久以前，有一位上了岁数的老婆婆，因为她行动不方便，不能再劳动，所以常常吃了上顿没下顿，日子过得很艰苦。老婆婆虽然有两个儿子，可兄弟俩早就已经忘记老婆婆养大他们的不易，从结婚后就没赡养过她，还总在她面前争论不休。

当时流行厚葬，形成安葬老人花得越多越孝顺的坏风俗。这天，兄弟俩又开始互相吹牛。哥哥说："等娘去世以后，我要给娘买上等的棺材。"弟弟说："你别吹牛了，等娘去世的时候，我要穿红戴绿为娘唱七七四十九天的道场。"其实，他们兄弟俩谁也不想出钱，所以吹着吹着又开始吵起来，连老婆婆喊他们帮忙倒水喝都不理。

夜里，老婆婆躺在冰凉的炕上暗自流泪，心想自己活着的时候儿子都不管，即使死了以后他们能舍得花钱安葬自己，又有什么意义呢？老婆婆辗转反侧，一夜未眠。

第二天，老婆婆把两个儿子叫来说："我死了以后你们不用厚葬我，一文钱也不要花，就用炕上的破草席一卷，把我扔到阴沟里就成了。不过我有个条件，你们必须从今天开始，天天到屋后面的树林里，看看老槐树上的乌鸦和猫头鹰是怎么生活的，一直看到我闭上眼那天为止。"兄弟俩听见老婆婆主动提出安葬时不用花钱，非常高兴，连忙答应老婆婆的要求。

每天收工后，他们都去树林里观察乌鸦和猫头鹰的生活。他们发现乌鸦妈妈和猫头鹰妈妈都非常细心地喂养孩子，可那些小鸟从来不顾妈妈寻觅食物有多辛苦，看到妈妈飞回来就张大嘴巴等着吃。当乌鸦妈妈老了飞不动的时候，长大的小乌鸦就会寻觅食物来喂养妈妈。而小猫头鹰却正相反，当猫头鹰妈妈老了飞不动的时候，长大的小猫头鹰就把妈妈吃掉。就这样，乌鸦和老鹰一代代重复着这样的生活。

兄弟俩看啊看啊，突然醒悟过来：我们现在这样对待妈妈，将来孩子是不是也要这样对待我们呢？顿时他们后悔莫及，开始每天嘘寒问暖，细心侍候老婆婆。可没过多久，老婆婆就去世了。

为了表示孝心，永远记住乌鸦和猫头鹰的善恶孝逆，兄弟俩都内穿跟乌鸦羽毛一样颜色的黑衣，外披跟猫头鹰羽毛颜色一样的麻衣，在前面三步一跪，五步一拜。渐渐地，这个风俗就流传起来，有的人因为贫穷买不起那么多的黑布，就裁条黑布戴在胳膊上，成了现在这种简略的戴孝形式。

思亲不忘守丧礼

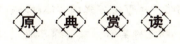

【原文】

三年之丧何也？曰：称情而立文，因以饰群，别亲疏贵贱之节，而弗可损益也。故曰无易之道也。

——《礼记》

【译文】

守丧三年是根据什么来制定的呢？回答是：这是根据内心哀痛程度而制定的与之相称的礼文，借此来表明亲属的关系，区别亲疏贵贱的界限，因而是不可随意增减的。所以说，这是不可改变的原则。

礼仪之道

古代之礼具有约束力，对守孝者而言，还必须注意自己的衣食住行等诸多方面是否符合礼节。在未出殡之前，孝子要哭不绝声，"昼夜无时"，出殡以后，要一朝一夕哭两次。以后在整个丧期中，"思忆则哭"。守孝期间不得婚娶，不得赴宴，不得听音乐，不得游戏笑谑等。

儒家创始人孔子在提倡丧礼的过程中，还是根据具体社会情况的需要，在强调礼制的同时，重视对死去亲人哀悼的重要性。所谓"丧事主哀"即其目的。虽然有的丧葬未尽乎礼，会遭到乡人的非议，但尊孔子"丧礼，与其哀不足而礼有余也，不若礼不足而哀有余也"之说，只要尽哀则可。居丧礼从早期意义来看，是哀情的一种表达形式，所以，儒家制定了一定的标准，大致以容体、哀哭、服饰、饮食、居处、言语、行为等方面来衡量居丧者的哀悼是否符合规制。

容体：主要是指外在身体情况，如《礼记·间传》所说的"此哀之发于容体者也"。郑玄注曰："有大忧者，面必深黑。"有人解释说这是苴麻之色所致，是不太恰当的。儒家提倡容体不同于常，乃是缘于家有大忧，使孝子贤孙因哀伤而无法过正常生活，造成形容憔悴，面色发黑。儒家规定，居丧期间不得洗澡，除非头上、身上有溃疡或创伤这些例外情况。但是，我们也应该公正地看到，在"哀发于容体"的同时，不可过分强调容体的外在哀伤意义，所谓"敬为上，哀次之，瘠为下，颜色称其情，戚容称其服"。应注意内在哀伤的适可而止。

哀哭：哀哭主要是指丧哭要发之于内心，所谓哀发于声音。《礼记·间传》对不同丧服的哀哭做了不同的描述，认为斩衰之丧，哀哭声嘶力竭，好像气绝。齐衰之丧，哀哭不似气绝。大功之丧，哭声曲折悠长。小功缌麻之哭，面带哀容即可。哀哭主要表现在丧葬礼的过程中，诗虞祭后举行卒哭礼，便改"无时之哭"为居丧期间的朝一哭夕一哭，表示丧主对失去亲人的无限哀悼。

在中国古代，父母去世，子女要服丧三年，然后才恢复到正常的生活。但是，君子在三年之后，每年是日（父母去世的日子），内心依然忧伤，无比地怀念父母。这一天，他们不到宴饮聚会等欢庆场合，也不听音乐。所以如此，倒并非因为那天有什么不吉利，而是说那天自己的心思过于专注，没有心思去从事其他事情。《礼记》说的"君子有终身之丧"就是这个意思。

家风故事

居仁敬斋

明朝时，有一个讲学家，姓胡，名居仁，表字叔心，是馀干地方的人，跟着吴与弼读书，他的学问是以搜求放失的本心为主，因为正心，把一个"敬"字放在心里，所以就把这个"敬"字做了他书斋的名字。他平常面对妻子像见了严肃的宾客一样，他的父母亡故了，居丧时候非常悲泣，以至于骨瘦如柴，只能拄杖行走，整整三年不走进内室的门。他和人家说话，从不讲到利禄上去。后来在白鹿书院里做讲道的主教，谨慎地修行，坚守清规。后来，他终生甘愿做一个平民，不肯出去做官。

入土为安下葬礼

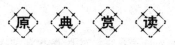

【原文】

居丧未葬，读丧礼。

——《礼记》

礼

倡导文明树新风

194

【译文】

居丧之礼，没有出葬时要研究丧礼。

礼仪之道

停殡待葬期间，接受相关人员的吊唁，同时安排安葬具体事宜。丧家的后生（晚辈）守灵，亲属不定期举哀哭吊，答谢来吊宾客。

治葬：为安葬之前的准备工作，大致有以下几项内容。

1. 前期选择葬地。

2. 选择开茔域日期，至期开茔地，祠后土（祭山神、土地）。

3. 挖墓穴，做灰隔。

4. 刻墓碑和墓志铭。

5. 造明器。

6. 下帐，俗称做纸马（即按生平制作床、帐、桌、椅……）以及下葬用品。

7. 作主（用硬木料做死者灵位牌以及安置牌的盒子）。

陈器祖奠：这几项仪式，是古代丧礼中最烦琐的仪礼，要抬柩到祠堂告拜祖宗，礼仪复杂。明清之后，此礼渐少，故于此省略。

遣奠：俗称出殡，古时有"方相"（开路神，由人装扮）执戈扬盾在前开路，随后是做好的"明器"（纸人纸马及房屋、用具），再后是死者铭旌、引幡等，随后是灵车。孝子捧灵牌（或由长孙捧），孝子、主妇……按序列随柩哭送。出殡前须进行拜奠、行祭等仪式，仪礼与各节奠礼相同。

发引：将灵柩送注墓地。八仙（抬柩役人）抬柩行，方相等仪仗前导，丧主以下男女，按服序列步行哭送。出门后用白幕覆柩（或用"轿"幕），孝子重服在前，长辈次之，一般亲戚再次之，宾客最后。亲戚朋友可以在地方水口外设路祭，可停柩受祭，礼仪与家内相同。如果墓地较远，本日不能到达，需在途中停留，则要设置灵座，行朝夕哭和上食礼仪，夜由主人兄弟到旁宿，与亲戚共同守卫灵柩。

安葬：包括及墓、下棺、祭山神土地、题写木主、成坟等各项过程。仪礼较繁，略叙如下。

1. 设灵幄在墓道的西边，南向，置桌椅，以停放灵柩。

2. 设帐幄于灵帷前数十步，安顿送殡者，男东女西。

3. 设放置明器帐幄。

4. 落棺之前举行再奠仪式和祭山、神土地仪式。

5. 下墓志铭。墓在平地，则于圹内近南先布砖一重，置石其上，又以砖四围之，而覆其上。若墓在山侧峻处，则于圹南数尺间掘地，深四五尺依此法埋之，复实以土而坚筑之（下土亦以尺许为准，但须密杵坚筑）。

6. 题主。执事者设桌子于灵座东南，西向。置砚笔墨，对桌置盥盆悦巾如前。主人立于其前，北向。司祭人盥手，出主，卧置桌上，使善书者（会书法的人）盥手，西向立，先题陷中。父亲写"宋故某官某公讳某字某第几神主"，粉面写"皇考某官封谥府君神主"，其下左旁曰"孝子某奉祀"。母亲则写"宋故某封某氏讳某字某第几神主"，粉面写"皇妣某封某氏神主"，旁亦如之。无官封则以生时所称为号。题毕，祝奉置灵座而藏魂帛于箱中，以置其后。烓香，斟酒，执板，出于主人之右，跪读之曰："孤子某敢昭告于皇考某官封谥府君，形归窀穸，神返室堂，神主既成，伏惟尊灵，舍旧从新，是凭是依。"毕，怀之，起，复位。主人再拜，哭尽哀，止。母丧称"哀子"，后仿此，凡有封谥，皆称之，后皆仿此。祝奉神主升车（魂帛箱在其后），执事者撤灵座，遂行（主人以下哭从，如来仪。至墓门，尊长乘车马去墓百步许，卑幼亦乘车马。但留子弟一人监视实土以至成坟）。坟高四尺，立小石碑于其前，亦高四尺，趺高尺许。

反哭：即送葬队伍从墓地返回家庙或丧家的路上，哀痛而哭。主人以下奉灵车、神主在途涂行哭，至家哭（望门即哭）。祝奉神主人置于灵座（执事者先设灵座于故处。祝奉神主人就位，出椟之，并魂帛箱置神主后），主人以下哭于厅中（主人以下及门哭，入，升自西阶，哭于厅事。妇人先入哭于堂）。遂诣灵座前哭，尽哀，止。有吊者，拜之如初（谓宾客之亲密者，既归，诗反哭而复吊）。期九月之丧者，饮酒食肉，不与宴乐。小功以下、大功异居者可以归。

当今社会不提倡土葬而要求火化遗体，因此，小殓、大殓和安葬的部分内容按时下技术进行处理，其余几乎相同，仍可参酌。

作为生命发展的规律，死亡是人类注定躲不开的"追击"。当我们去参加葬礼时一定要注意关于这方面的礼仪问题。

第六章 生死历程：人生礼仪

大家都知道，葬礼本身是在凝重和沉痛氛围中进行的，这就要求人们的言行要格外谨慎，如果在细节上稍不注意，就很有可能给亡者家属的身心造成极大的伤害，所以应格外谨慎。

第一，服装要得体。

参加葬礼或吊唁活动时，男女均应穿黑、蓝等深色服装。男士可内穿白色或暗色衬衣，女士不应涂抹口红、不应戴鲜艳的围巾、尽量避免佩戴饰物，如需要可考虑戴白珍珠或素色饰品，避免佩戴黄金。

第二，要控制情绪。

关怀及安慰对于亡者的亲属很必要，一些过当的举动例如号啕大哭等应避免。这些过于激动的情绪一来会给亡者的家属"添乱"，因为他们可能还要照顾你，使你平静下来；二来也会令人觉得你是个缺乏素养的人，因为你还不太能够控制自己的情绪。

第三，言语、举止要得当。

作为慰问语一般可以说，"这真令人伤心，请节哀顺变。""事情太突然了，请不要过分伤心，保重身体。"忌讳使用"死""惨"等令人不快和伤怀的词汇。

当然，如果你是晚辈，那你最好的方式就是沉默，听从长辈的指挥就可以了。

葬礼会场是肃穆的，吊唁者言辞应收敛，高谈阔论、嬉笑打闹都是对亡者及家属的不敬。说话应压低声音，举止轻缓稳重，才能传达出你的诚意。

第四，要尊重当地丧俗。

不同的国家、地区、民族会有不同的丧俗，当我们参加葬礼的时候，一定要尊重当地的丧俗，以免自己的一些言谈举止有所不妥而令亡者的亲属不悦，也显得你缺乏对亡者的尊重或是缺乏教养。

家 风 故 事

诸葛亮巧计瞒坟

诸葛亮大病不起后，自知阳寿已尽，便开始计划墓地之事。当时，他早已预见蜀汉不久要被魏所灭，如果自己的墓地被敌人知晓，恐怕九泉之下也不会安宁，于是他就想出一个妙计。诸葛亮密奏后主刘禅，自己死后丧事要从简，全权交给姜维处理。

临终前，诸葛亮叫来姜维嘱咐说："我死后千万不要厚葬，也不需要任何人送葬，对外放风说我要葬在定军山。然后你选四个身强力壮的青年男丁，用草绳抬着我的棺材往东南方向走，什么时候草绳断了才能放下棺材，就把我埋在那个地方，然后拿着草绳回来复命。如果绳子真是抬断的，你就给他们加爵封官。如果绳子是割断的，你就立刻把他们斩了。"

诸葛亮去世后，姜维立即按照遗嘱一边故作声势准备在定军山下葬，一边选了四个壮丁，趁着天黑抬着棺材向东南方奔去。

四个人本以为是个轻松的差事，没想到走啊走啊，走出十多里，绳子也没有要断的迹象。此时，他们觉得棺材是那么沉重，压在肩上就像座小山，可是却不准放下歇息。他们只好咬着牙，一步步艰难地向前挪着，累得上气不接下气。终于，他们实在抬不动了，就放下棺材，一起商量怎么骗过姜维。

他们先割断绳子，又在石头上磨了磨，假装绳子是抬断的，然后就地挖了墓穴，把棺材埋了下去。

姜维见他们返回，问："你们是把绳子抬断后才埋葬的吗？"四个人异口同声回答说是。姜维看了看绳子，然后分别问讯他们，得知绳子是被他们割断的，就下令把他们斩了。

处理完以后，姜维要去诸葛亮的坟地拜祭，这才想起自己把埋坟的人斩了，这下谁都不知道诸葛亮究竟被埋在哪儿了。姜维知道中了诸葛亮的瞒坟计，不禁再次佩服他的足智多谋，朝东南方在心里默默地拜祭。

197

第六章 生死历程：人生礼仪

超度亡灵祭祀礼

【原文】

即葬，读祭礼。

——《礼记》

【译文】

已经埋葬，要研究祭礼。

礼 仪 之 道

　　无论是天子还是臣下官属，都立宗庙，但依据礼的规定，官位高下，宗庙的数量多少不一。天子的宗庙最多可达九座，属下则只有三座，官位再低只能立一庙。宗庙里摆放着牌位，作为某位先祖的象征，牌上不直书其名，而另起一个称号，通常使用"祖""宗"二字，这种称呼又叫"庙号"。最高统治者的宗庙被视为国家的象征，凡遇农事活动、皇帝登基、战争等重大的事情，都必须祭告宗庙。宗庙一般建在王宫前面，明、清两朝的宗庙就建在紫禁城外，今天天安门东侧的劳动人民文化宫就是那时的太庙。至于臣下官属的宗庙则多建于居所附近，以后又称为家庙或祠堂。

　　祭祀在古代是一件大事。对于不同类别的神灵，古人祭祀的时间、地点、方式以及所用歌舞、祭品种类与规格等都有不同，参祭者的身份也有区别。这和古人对自然界的认识及其等级观念有极大的关系。《礼记·王制》说："天子祭天地，诸侯祭社稷，大夫祭五祀。天子祭天下名山大川。五岳视三公，四渎视诸侯。"也就是说，只有天子才有祭祀天与地以及一切神灵的资格。显然，古人的祭祀礼仪有着很严格的规制。

　　祭祀宗庙的活动，除临时性的大事而入庙祭告外，还有一些固定的祭祀，如"月祭"，在月朔（即每月初一）举行。春秋战国以前，逢月祭之时，天子便率群臣亲临宗庙，宰杀一只羊祭告先祖。然后，群臣要头戴皮弁（古时男人戴的帽子）在宗庙聆听天子的训谕。每年夏秋之交的月祭最为隆重。因为古代的历法一年颁行一次，由巫、祝、卜等官通过观测，计算出第二年月朔的时间，是否需要增加闰月，写成历书，藏于宗庙中。到这次月祭时，天子将向各国诸侯颁发历书。不过，月祭到后代便不再那么受重视了，皇帝注注不再亲临宗庙，只派人去杀只羊了事。"四时之祭"也是一年中固定的祭祀活动，在每年的春、夏、秋、冬四季之始进行。

古人认为，人活着的时候，魂与魄结合在一起，才有活灵活现的生机。魂与魄分离，机体就死亡了。但是，魄是肉体，可以入土为安，而魂却漂移不定，需要安置，需要迎回家供奉在祠堂里祭祀。祭祀是沟通生者与逝者的重要方式，既可以表达子女对亲人的思念，也可以祈求祖宗的福佑。于是，丧家在三年内，要举行多种祭祀活动。

虞祭：虞祭是灵柩安葬后所举行的祭祀礼，是葬礼结束后举行的第一次祭祀。这是孝子表示一天也不忍离开亲人的神魂，举行虞祭是想让亲人的精、气、神能安顿下来。时间大约在葬日的中午，若墓地远则可以在当日晚些时候举行。如果回家要经宿以上，则可在途中住所举行。

送葬后到家，丧主以下都进行沐浴（如时间太晚，就略洗擦身子洁净即可）。执事者陈设器具，准备果品、三牲等，并备面盆、毛巾各两套，置于西阶的东、西方。东边的要有台架，西边的可以放在地上。酒瓶、酒具放在灵座东南方，设桌子于东，放酒和盘盏在上面。另设火炉汤瓶在灵座的西南，并置桌子于其西边，放祝版（祝文的木牌），灵前桌上安置蔬果，七双筷子居中，酒盏放在西边，醋碟在东边，果类在外，蔬菜在内，装酒于瓶中。另设香案于厅堂中，燃烛焚香，束茅聚沙在香案之前，亦备有菜馔，品样同朝奠相仿。司祭人请神主于座，主人以下都举哀（主人和兄弟要倚哭丧杖在室外，再与司祭人屋哭于灵前），位列与朝祭同。重者在前，轻者居后；长辈坐，小辈立；男子在东，由西阶上，妇人在西，由东阶上；侍者在后。

1.降神。先由司祭人让众人止哭，丧主下西阶洗手，擦干，回到灵前焚香，再拜；执事人员都洗手，将酒倾倒入酒壶中，面西而跪，以酒壶授予主人，主人跪受。一人奉桌上盘盏跪于主人之左，主人斟酒于盏中，再传给执

第六章 生死历程：人生礼仪

事，执事把酒酹于東茅上，再拜，少退，再退，复位。

2.初献。司祭行初献礼，三次酹酒于茅上，然后跪读祭文。文曰："日月不居，奄及初虞，夙兴夜处，哀慕不宁，谨以洁牲柔毛，粢盛醴齐，哀荐祫事，尚飨。"读罢祝词，丧主哭拜，复位止哭。祭品用猪头（如果不用三牲，即用果品酒茶）。

3.亚献。仪礼如初献，但不读祝文，仅四拜。

4.终献。亲友一人或男或女执礼，仪与初献相同。

5.侑食。执事者再添酒于盏中，主人以下均出门外，司祭人关门（丧主立于门之东，面西；小辈男在丧主身后；主妇立于门西，面东，小辈妇女在其身后，长辈休息于他所）。司祭开门，丧主以下入室哭辞神（司祭进，对着门，面北告启门三次，方把门开启），丧主以下按序就位，执事者点茶，司祭立于丧主之右，面西，宣告"利成"。敛神主，匣藏置于原处。丧主以下哭，再尽哀，止，执事者撤，司祭埋魂帛（司祭取魂帛，率执事者埋于屏处洁地）。自此罢去朝夕奠礼。由这次祭后，凡逢柔日（日属乙丁巳辛癸），即举再虞之仪礼，其程序与上次虞祭相同，但改祝词"初虞""恰事"为"虞事"。逢刚日（甲丙戌庚壬）举行三虞祭礼，其礼同上次虞祭，亦改"再虞"为"三虞"，"虞事"为"成事"。

以上是具体的虞祭仪节。需要说明的是：古代行虞祭礼，要"立尸"，而朱熹的规制则有所改变，只立木制"神主"来替代活人装扮"立尸"。而且所备祭品可简为茶酒果品，次数仅三祭。古礼则要按士人三虞，四天；大夫五虞，八天；诸侯七虞，十二天；天子九虞，十六天。另外安葬遗体的日子必须用柔日，第一次虞祭是柔日中午，第二次仍是在后一个柔日进行，三虞的祭日则是刚日即可进行。

卒哭：《檀弓》曰，"卒哭曰'成事'。是日也，以吉祭易丧"。故此祭渐用吉礼。这是因为死者已亡故多日，孝子的哀痛之心有所稍减，故行停止无时之哭的仪节。这项仪节在三虞后遇刚日举行。

具体仪式：举行礼仪前一日，设置器具和祭品。用具同虞祭，祭品可用鱼肉、米饭、面食和羹汤、茶酒等。至祭期晨起，丧主以下人在司祭的主导下行降神、初献、亚献、终献等礼节（礼节基本与虞祭相同）。其祝词改"三虞"为"卒哭"，"哀荐成事"下云"来日隮祔于祖考，某官府君尚飨"。

同样行侑食、关门、启门、辞神各项礼节。礼毕，自此日起，停止朝夕哭奠和哀至哭的礼节，丧主和兄弟可以蔬食，但不用荤食，卧草席，枕木枕。

所谓卒哭，实际上就是终止"哭"的意思。自死直至下葬，三次虞祭后，孝子和家人哭声不断，但必须有个终结的时候。故设此一礼，好让孝子及家人可以缓过神来，同时逐渐恢复体质。

祔祭：祔祭这项礼仪，其意义是使亡者归宗，祔升于祖宗祠堂，与祖辈同享子孙祭祀。这项祭仪比虞祭程序更加复杂烦琐，要求更加严格。仪分两次进行。第一次先在祠堂祭告祖考处，亡者某某需祔于宗庙，礼毕，然后再奉亡者灵位到祠堂。第二次再设置祭品，按虞祭程序：参神、降神、进馔、初献、亚献、终献和侑食、关门、启门、辞神等。其祝文是："孝子某谨以洁牲柔毛，粢盛醴齐，适于皇某考某官府君，隮祔孙某官，尚飨。"如果是女人，则改"某考"为"某妣"，改"孙某官"为"孙妇某封某氏"。仪毕，奉亡者灵座返，丧主以下哭从如殡仪，至家安位，尽哀止哭。

小祥：小祥即卒哭之后所举行的周年祭。自丧日至此时，除闰月凡十三个月，卜吉日而祭。今只用初忌以从简易。大祥仿此。

前期一日，主人以下沐浴，陈器，具馔。主人率众男子洒扫，涤濯。主妇率众妇女涤锅甑，具祭馔。其他仪程皆如卒哭之礼。备好白绢做的衣服或白布。丈夫妇人各设次更衣所于别所，置练服于其中。男子以练服为冠，除去原来孝服，包括首绖、负版、辟领、衰。妇人截长裙不令曳地，应服期者改吉服，然犹尽其月，不服金珠锦绣红紫。唯为妻者犹服禫（暂时不除孝服，等到禫祭再除），尽十五月而除。

明日早起，设蔬果、酒馔（同卒哭）。质明，司祭请出神主，主人以下入哭，皆如卒哭，但主人倚杖（哭丧杖）于门外，与期亲各服其服而入。若已除服者来预祭，亦释去华盛之服，皆哭尽哀止。乃出就次，易服复入，哭（祝止之）、降神（如卒哭）、三献（如卒哭之仪，祝版同前，但云"日月不居，奄及小祥，夙兴夜处，小心畏忌，不惰其身，哀慕不宁，敢用洁牲柔毛，粢盛醴齐，荐此常事，尚飨"）、侑食，阖门，启门，辞神（皆如卒哭之仪）、止朝夕哭（唯朔望未除服者会哭。其遭丧以来，亲戚之未尝相见者相见，虽已除服犹哭尽哀然后许拜），始食菜果。

大祥：大祥即两周年祭（自丧至此不计闰凡二十五月。亦止用第二忌日祭）。

前期一日沐浴，陈器，具馔（皆如小祥），设次，陈禫服（全套服孝期的服饰）。司马公曰："丈夫垂脚黪纱幞头，黪布衫，布裹角带，未大祥间假以出谒者。妇人冠，梳假髻，以鹅黄青碧皂白为衣履，其金珠红绣皆不可用。"告迁于祠堂。

天明行事皆如小祥之仪（惟祝版改"小祥"为"大祥"，"常事"为"祥事"）。毕，祝奉神主入于祠堂，主人以下哭从，如祔之叙，至祠堂前哭止。撤灵座，断杖弃之屏处，奉迁主埋于墓侧。始饮酒食肉而复寝。

禫：禫祭即除丧服之祭。大祥之后，中月而禫。中，即间，与大祥间一月，自丧至此，不计闰凡二十七月。前一月下旬需先卜日。下旬之首，择来月三旬各一日，或丁或亥，设桌子于祠堂门外，置香炉、香合、杯珓、盘子于其上，西向。主人禫服，西向；众主人次之，少退，北上；子孙在其后，重行，北上；执事者北向，东上。主人炷香熏珓，命以上旬之日，曰："某将以来月某日，祗荐禫事于先考某官府君，尚飨。"即以珓掷于盘，以一俯一仰为吉，不吉更命中旬之日，又不吉则用下旬之日。主人乃入祠堂本龛前，再拜。在位者皆再拜。主人焚香。祝执辞立于主人之左，跪告曰："孝子某，将以来月某日，祗荐禫事于先考某官府君，卜既得吉，敢告。"主人再拜，降，与在位者皆再拜。祝阖门，退。若不得吉，则不用"卜既得吉"一句。

禫祭前一日，沐浴设位，陈器，具馔（设神位于灵座故处，其他如大祥之仪）。

厥明行事，皆如大祥之仪。但主人以下诣祠堂。祝奉主椟置于西阶桌子上，出主置于座。主人以下皆哭尽哀。三献不哭，改祝版"大祥"为"禫祭"，"祥事"为"禫事"。至辞神乃哭，尽哀。送神主至祠堂，不哭。

从亲人谢世之日算起，至举行禫礼，前后时间为二十七个月，此间为守孝期，一般称三年。如是守父丧，称丁外忧，守母丧，则称丁内忧。期满，更换守孝服装，叫服除。在此三年中，孝子通过卒哭、小祥、大祥、禫等多种仪节，从悲伤中逐步解脱出来，逐步调整情感，回到正常的生活中。登仕者，可续官，或再受新命而离家。这是儒家礼制中人文关怀的典型例证。如果守丧期未满就去谋官，会被人指责。

礼圭尊祭

汉朝时，陈省的妻子姓杨，名叫礼圭，她十分严格地遵守着家传的一些礼制和家法。她的两个儿子，大儿子娶了张度辽的女儿名惠英的做了妻子，小儿子娶了荀家的女儿。礼圭的两个儿媳妇娘家都非常显贵，并且很有钱，从嫁的丫鬟有七八个，陪嫁的财物也很多。可是杨礼圭不管她们的娘家怎样有钱，仍然用她婆婆从前遗传下来的家教教导两个媳妇，自己亲自做着劳苦的工作。

两个媳妇见婆婆这样的品行，于是也拜着受了教训。杨礼圭有个从堂侄孙，侍奉尊长稍稍地有些怠慢，杨礼圭觉得他这种行为很不合礼，于是与从堂侄孙断绝了来往，从堂侄孙觉悟后改过了。后来时局混乱，杨礼圭的一家也经常奔逃在路上，迁徙不定，有宗族或表亲想要去见她，杨礼圭一定自己先很严格地整饬一番，身后跟随着儿子、孙儿和丫头们，然后才肯见面，她说："这是我已去世婆婆的家法啊！"每逢四时八节祭祀祖先，一定很虔诚地用家里最好的供品。她又说："我们要明白祭祀是在礼法里面最尊重的啊！"杨礼圭去世的时候，已年满八十九岁了。

203

第六章 生死历程：人生礼仪

第七章

丰富多彩：节日礼仪

传统节日的形成过程，是一个民族或国家的历史文化长期积淀凝聚的过程。从这些流传至今的节日风俗里，还可以清晰地看到古代社会生活的精彩画面。在漫长的历史长河中，历代的文人雅士、诗人墨客，为一个个节日谱写了许多千古名篇，这些诗文脍炙人口，被广为传颂，使我国的传统节日富于深厚的文化底蕴，精彩浪漫，大俗中透着大雅，雅俗共赏。

欢欢喜喜过春节

【原文】

爆竹声中一岁除，春风送暖入屠苏。千门万户瞳瞳日，总把新桃换旧符。

——王安石《元日》

【译文】

在阵阵鞭炮声中送走旧岁，迎来新年；人们迎着和煦的春风，开怀畅饮屠苏酒；旭日的光辉普照千家万户，每到新年便取下旧桃符，换上新桃符。

礼仪之道

春节是中国最有特色的传统节日，中国人过春节已有四千多年的历史，关于春节的起源有多种说法，但其中普遍接受的说法是春节由虞舜时期兴起。春节一般指正月初一，是一年的第一天，又叫阴历年，俗称"过年"。但在民间，传统意义上的春节是指从腊月的腊祭或腊月二十三或二十四的祭灶，一直到正月十九，其中以除夕和正月初一为高潮。在春节期间，中国的汉族和很多少数民族都要举行各种活动以示庆祝。

这些活动均以祭祀祖神、祭奠祖先、除旧布新、迎禧接福、祈求丰年为主要内容。春节的活动丰富多彩，带有浓郁的各民族特色。受到中华文化的影响，属于汉字文化圈的一些国家和民族也有庆祝春节的习俗。

一、扫尘

这是在每年春节前进行的。有的地方腊月十五便开始做准备，如福建南平的农村，主妇们在这一天开始大搞卫生，扫除屋檐下、天花板的蜘蛛网，清洗大厅壁板，扫净角落的飞尘等。据《吕氏春秋》记载，我国在尧舜时代就有春节扫尘的风俗。按民间的说法：因"尘"与"陈"谐音，新春扫尘有"除陈布新"的含义，其用意是要把一切穷运、晦气统统扫出门。这一习俗寄托着人们破旧立新的愿望和辞旧迎新的祈盼。每逢春节来临，家家户户都要打扫环境，清洗各种器具，拆洗被褥窗帘，洒扫六闾庭院，掸拂尘垢蛛网，疏浚明渠暗沟。此时的神州大地，到处洋溢着欢欢喜喜搞卫生、干干净净迎新春的欢乐气氛。

二、送灶公

灶神信仰，在民间由来已久。古人认为灶神是天上最高级神祇派遣而来的小神，"居人之间，司察小过，作谴告者尔"（《礼记·祭法》郑玄注）。由于看不见摸不着的灶神是至上神派来监督凡人行为的神灵，人们在日常生活中就不敢造次，要遵礼而行事，要讲和睦团结，还要勤奋耕读以求进取，以求得赐福、获得安康。

除尘之后，农家还要举行送灶公上天的仪式，这项仪式是祈求灶神"上天言好事，回宫降吉祥"。农历十二月二十四晚饭后，家庭主妇会备上瓜子、花生、红枣、地瓜干、橘子、茶、家酿酒之类，点上一对红蜡烛，让灶神饱食一顿后送其上天汇报本家庭一年的情况。大约晚上七点多，祭灶完毕，各家开始请人来分享供品。

灶神在天庭过年，至正月初四才回到人间，各家乃迎而复之，其仪如送之礼。但供品不再当日分享，一般会陈放数日。

三、贴春联

春联也叫门对、春贴、对联、对子、桃符等，它以工整、对偶、简洁、精巧的文字描绘时代背景，抒发美好愿望，是我国特有的文学形式。每逢春节，无论城市还是农村，家家户户都要精选一副大红春联贴于门上，为节日增加喜庆气氛。这一习俗起于宋代，在明代开始盛行，到了清代，春联的思想性和艺术性都有了很大的提高。

春联的种类比较多，依其使用场所，可分为门心、框对、横批、春条、斗方等。"门心"贴于门板上端中心部位；"框对"贴于左右两个门框上；"横批"贴于门楣的横木上；"春条"根据不同的内容，贴于相应的地方；"斗方"也叫"门叶"，为菱形，多贴在家具、影壁中。

207

在民间人们还喜欢在窗户上贴上各种剪纸——窗花。窗花不仅烘托了喜庆的节日气氛，也集装饰性、观赏性和实用性于一体。剪纸在我国是一种很普及的民间艺术，千百年来深受人们的喜爱，因它大多是贴在窗户上的，所以也被称为"窗花"。窗花以其特有的概括和夸张手法将吉祥之物、美好愿望表现得淋漓尽致，将节日装点得红火富丽。

在贴春联的同时，一些人家要在屋门上、墙壁上、门楣上贴上大大小小的"福"字。春节贴"福"字，是我国民间由来已久的风俗。"福"字指福气、福运，寄托了人们对幸福生活的向注，对美好未来的祈愿。为了更充分地体现这种向注和祈愿，有人干脆将"福"字倒过来贴，表示"幸福已到""福气已到"。民间还有将"福"字精描细做成各种图案的，图案有寿星、寿桃、鲤鱼跳龙门、五谷丰登、龙凤呈祥等。

四、贴年画

春节挂贴年画在城乡也很普遍，浓墨重彩的年画给千家万户平添了许多兴旺欢乐的喜庆气氛。年画是我国古老的民间艺术之一，反映了人民朴素的风俗和信仰，寄托着人们对未来的希望。

五、包饺子

新年的前一夜叫团圆夜，离家在外的游子都要不远千里万里赶回家中，全家人要围坐在一起包饺子过年。因为和面的"和"就是"合"的意思；饺子的"饺"和"交"谐音，"合"和"交"又有相聚之意，所以用饺子象征团聚合欢；又取更岁交子之意，非常吉利；此外，饺子因为形似元宝，过年时吃饺子，也带有"招财进宝"的吉祥含义。一家大人聚在一起包饺子，话新春，其乐融融。春节过年包饺子是我国北方最普遍的习俗。

六、守岁

除夕守岁是最重要的年俗活动之一，守岁之俗由来已久。"一夜连双岁，五更分二天"，除夕之夜，全家团聚在一起，吃过年夜饭，点起蜡烛或油灯，围坐炉旁闲聊，等着辞旧迎新的时刻，通宵守夜，象征着把一切邪瘟病疫照跑驱走，期待着新的一年吉祥如意。

古时守岁有两种含义：年长者守岁为"辞旧岁"，有珍爱光阴的意思；年轻人守岁，是为延长父母寿命。自汉代以来，新旧年交替的时刻一般为夜半时分。

七、燃放爆竹

中国民间有"开门爆竹"一说。即在新的一年到来之际，家家户户开门的第一件事就是燃放爆竹，以爆竹声除旧迎新。放爆竹可以创造出喜庆热闹的气氛，是节日的一种娱乐活动，可以给人们带来欢愉和吉利。

八、拜年

大年初一，人们都早早起来，出门去走亲访友，相互拜年，恭祝来年大吉大利。拜年次序是：首拜天地神祇，次拜祖先真影，再拜高堂尊长，最后全家依次序互拜。拜亲朋的次序是：初一拜本家，初二、初三拜母舅、姑丈、岳父等，直至初五，有的一直延续到正月十六。

春节拜年时，晚辈要先给长辈拜年，祝长辈长寿安康，长辈可将事先准备好的压岁钱分给晚辈。据说压岁钱可以压住邪祟，因为"岁"与"祟"谐音，晚辈得到压岁钱就可以平平安安度过一岁。拜年应注意以下方面的礼仪。拜年礼仪通常有几种：一是叩拜，即跪拜磕头，现在在一些农村地区，晚辈给长辈，尤其是未成年人给辈分较高的长辈拜年时，还行这种礼仪。

二是躬身作揖，作揖的姿势是先双手抱拳前举。但这抱拳有一定的讲究，男子尚左，也就是用左手握右手，这称作"吉拜"，相反则是"凶拜"。大过年的，来上一个右手握左手，就是触人霉头了。行礼时，不分尊卑，拱手齐眉，上下加重摇动几下。重礼可作揖后鞠躬，这种礼仪一般是晚辈向长辈，或下级向上级拜年时所用。

三是抱拳拱手，这是中华民族特有的传统礼仪，抱拳，是以左手抱右手，自然抱合，松紧适度，拱手，自然于胸前微微晃动，不宜过烈、过高。这种礼仪多见于平辈间的拜年。

四是万福，古代妇女礼仪的一种，右手覆左手，半握拳，附于右侧腰肋间，上下微晃数下，双膝微微下蹲，有时，边行礼边口称万福。当代已经鲜有袭用。

五是鞠躬，此为现代通用礼仪，用于拜年，多为晚辈对长辈、下级对上级，亦可用于平辈间，男女皆行。

以上是过春节的民间习俗。在古代，还有一个重要的礼仪活动，就是朱熹所说的俗节在祠堂里给祖先供奉果蔬酒，让安顿于祠堂的祖先也能享受节

第七章 丰富多彩：节日礼仪

日的快乐。这种仪式，逐渐被简化，甚至不再施行，但在闽北一些农村还有保留。

家风故事

除夕过年

古时候，有个叫年的怪兽，它不但体形巨大，头上还长着尖尖的触角，非常凶猛。年平时深居在海底，只有在腊月三十那天才爬上岸，吞食牲畜和百姓。所以每到腊月三十，百姓们都扶老携幼逃到深山，度过"年"这一关。

转眼又到了腊月三十，桃花村的百姓正忙着准备到深山避难，有的在封锁房门，有的在收拾行装准备干粮，有的在牵牛赶羊……到处是恐慌的景象。不知道什么时候，从村外来了位白发苍苍的老乞丐，大家都在忙着逃走，谁也没顾上关照这位老人。

村东头的老婆婆给老人些食物，并劝他快上山躲避怪兽。老人笑呵呵地说："这个怪兽又叫夕，我知道它最怕什么，婆婆如果同意我在你家待上一夜，我一定除掉这个夕。"老婆婆见老人气宇不凡，心想也许他是位神仙吧，可她还是反复劝老人逃走，老人也不说话，只是笑着摇头。老婆婆无奈，只好撇下家上山避难去了。

半夜时分，那头怪兽年，也就是夕闯进村里。它发现村头老婆婆家的大门上贴着大红纸，屋内烛火通明，便吼叫着要往里冲。刚挨近大门，只听院内传来噼里啪啦的炸响声，夕浑身颤抖，再也不敢往里冲了。原来，夕最怕红色、火光和炸响。

突然，婆婆家的大门开了，一位身披红袍的老人站在门口哈哈大笑，夕大惊失色，狼狈逃窜，老人紧追不舍，一直追到海边，把红袍脱下抛向夕，红袍裹着夕沉到海底，夕再也出不来了。

第二天是正月初一，避难回来的百姓见村里毫无异样，感到十分惊奇。老婆婆想起老人说的话，连忙告诉村里人。他们一起来到婆婆家，只见婆婆家门上贴着红纸，院子里还有没燃尽的竹子正噼里啪啦地响着，屋内的红蜡烛还发着明亮的烛光，炕上还有件新的红袍子。这件事很快传到了别的村庄，人们都知道了驱赶怪兽的办法。为了感谢老人对大家的帮助，就称每年的腊月三十为除夕。人们在除夕那天纷纷换上新衣新帽，贴红对联，放爆竹，夜里户户烛火通明，守更过年，渐渐成为民间最隆重的传统节日。

灶王奶奶探亲

　　玉皇大帝的小女儿非常贤惠善良，她偷偷爱上了一位凡间厨房帮灶的穷小子。玉帝知道后非常生气，把小女儿打下凡间，让她跟着"穷烧火的"受罪。王母娘娘很疼爱小女儿，总在玉帝面前为她说情，玉帝才勉强封"穷烧火的"做了灶王爷，小女儿就成了灶王奶奶。

　　灶王奶奶深知百姓疾苦，常常以回娘家探亲为名，从天宫带些好吃的、好喝的分给穷苦百姓。玉帝本来就十分嫌弃穷女儿和穷女婿，知道这件事后十分恼火，只准他们在每年的年底回去一次。

　　又到了一年的年底，眼看要过年了，有的人家穷得连锅都揭不开。灶王奶奶看得非常难过，腊月二十三那天，她决定回娘家去给大家要点吃的，大家烙了灶干，送给她在路上做干粮。灶王奶奶回到天上，向玉帝讲了百姓的苦难，可玉帝不但不同情，反而怪她带回来一身穷灰，要她当天就回凡间。

　　灶王奶奶气得扭头就想走，可两手空空怎么向大家交代啊！这时王母娘娘过来说情，灶王奶奶便说："今天我不走，明天我还要扎把扫帚带回去扫穷灰呢！"

　　二十四这天，玉帝催她回去。她一边扎扫帚一边说："眼看要过年了，家里没有豆腐，明天我要磨豆腐呢！"

　　二十五这天，玉帝又催她回去。她一边磨豆腐一边说："家里没有肉吃，明天我还要去买肉呢！"

　　二十六这天，灶王奶奶刚买完肉，玉帝又催她回去，她说："催什么啊，家里穷得连只鸡都养不起，明天我要杀鸡呢！"

　　二十七这天，玉帝又催她回去，她一边杀鸡一边说："明天我要发面蒸馍，路上好带着吃呢！"

　　二十八这天，玉帝又催她回去，她一边蒸馍一边说："过年要喝点喜酒，明天我要灌酒去呢!"

二十九这天，玉帝又催她回去，她一边灌酒一边说："我们一年到头连顿饺子都没吃过，明天我要包饺子呢!"

三十这天，玉帝又来催灶王奶奶回去，见她还在包饺子，气得大发雷霆，让她必须马上回去。灶王奶奶的东西已经准备得差不多了，只是舍不得王母娘娘，就陪着王母娘娘到天黑才告别。

百姓们都没有睡，正坐在炉火边等灶王奶奶，见她回来了，就放起鞭炮迎接她。灶王奶奶把带回的好吃的都分给大家，分完就快天亮啦!

后来，为了纪念灶王奶奶的恩惠，家家户户都在每年的腊月二十三烙灶干，二十四扫房子，二十五磨豆腐，二十六买肉，二十七杀鸡，二十八发面，二十九灌酒，三十包饺子，三十夜里不睡觉称"熬百岁"，其实是为了迎接善良的灶王奶奶回到凡间呢!

张灯结彩闹元宵

【原文】

桂花香馅裹胡桃，江米如珠井水淘。见说马家滴粉好，试灯风里卖元宵。

——《上元·竹枝词》

【译文】

香甜的桂花馅料里裹着核桃仁，用井水来淘洗像珍珠一样的江米，听说马思远家的滴粉汤圆做得好，趁着试灯的光亮在风里卖元宵。

礼仪之道

元宵节是中国的传统节日，也是春节后的第一个节日，早在两千多年前的秦朝就有了。有人说元宵节起源于"火把节"，汉代民众在乡间田野持火把驱赶虫兽，希望减轻虫害，祈祷获得好收成。直到今天，中国西南一些地区的人们还在正月十五用芦苇或树枝做成火把，成群结队高举火把在田头或晒谷场跳舞。隋、唐、宋以来，这一风俗更是盛极一时。参加歌舞者足达数万，自昏达旦，至晦而罢。当然，随着社会和时代的变迁，元宵节的风俗习惯早已有了较大的变化，但至今仍是中国民间传统节日。

正月是农历的元月，古人称夜为"宵"，所以称正月十五为元宵。正月十五的夜晚是一年中第一个月圆之夜，也是一元复始、大地回春的夜晚，又称为"上元节"，人们对此加以庆祝，也是庆贺新春的延续。

按中国民间的传统，在这皓月高悬的夜晚，人们要点起彩灯万盏，以示庆贺。出门赏灯，燃灯放焰，喜猜灯谜。共吃元宵，合家团聚，同庆佳节。

吃元宵：民间过元宵节有吃元宵的习俗。元宵由糯米制成，或实心，或带馅。馅有豆沙、白糖、山楂以及各类果料等，食用时煮、煎、蒸、炸皆可。起初，人们把这种食物叫"浮圆子"，后来又叫"汤团"或"汤圆"，这些名称与"团圆"字音相近，寓有团圆之意，象征全家人团团圆圆、和睦幸福。人们也以此怀念离别的亲人，寄托对未来美好生活的愿望。

走百病：一些地方的元宵节还有"走百病"的习俗，又称"烤百病""散百病"，参与者多为妇女，她们结伴而行，或走墙边，或过桥，或走郊外，目的是祛病除灾。

猜灯谜：又叫"打灯谜"，是元宵节的一项活动，出现在宋朝。南宋时，首都临安每逢元宵节时制谜，猜谜的人众多。开始时是好事者把谜语写在纸条上，贴在五光十色的彩灯上供人猜。因为谜语能启迪智慧又饶有趣味，所以在流传过程中深受社会各阶层人民的欢迎。

赏灯：元宵节也称灯节，元宵燃灯赏灯的风俗起自汉朝，到了唐代，赏灯活动更加兴盛，皇宫里、街道上处处挂灯，还要建立高大的灯轮、灯楼和灯树，唐朝大诗人卢照邻曾在《十五夜观灯》中这样描述元宵节燃灯的盛况："接汉疑星落，依楼似月悬。"现在元宵节许多城市仍有大型的灯市和

第七章 丰富多彩：节日礼仪

灯会，热闹非凡。

有的地方举行闹社火，有的地方舞狮子，有的地方游蛇灯，各种优秀的民间艺术都来助兴，为节日增添喜悦，以祈望生活吉祥如意，事事平安。下面略介绍几种。

1. 迎紫姑

紫姑也叫戚姑，北方多称厕姑、坑三姑。古代民间习俗是正月十五要迎厕神紫姑祭祀，并进行占卜蚕桑等事。传说紫姑本为人家小妾，为大妇所妒，正月十五被害死厕间，成为厕神。每到迎紫姑这一天夜晚，人们用稻草、布头等扎成真人大小的紫姑肖像，于夜间在厕所或猪栏迎而祭祀她。迎紫姑的习俗，反映了我国人民善良、忠厚、同情弱者的思想感情。

2. 求子风俗

元宵节期间，各地还有许多求子风俗。贵州黄平一带在每年正月十五举行"偷菜节"，节日这天，姑娘们成群结队地去偷别人家的白菜，不能偷本家族的，也不能偷同性朋友家的。大家把偷来的菜集中到一起，做白菜宴，据说吃白菜宴的姑娘能找到如意郎君，早生贵子。陕西西安一带，元宵节要"送花灯"，一般是娘家人把花灯送给刚刚出嫁的女儿，希望女儿吉星高照，早生贵子。台湾、福建的福州、浙江的温州等地在正月十五时人们要祭拜陈靖姑，求神灵保佑生下儿子。

3. 元宵照井

在中国古代，元宵夜有"元宵照井"的习俗，古人认为，"照井水，面娇美"，元宵夜去照照井水会变得更漂亮，所以古代少女常在元宵明月当空之际，去俯视井水，希望自己能够变得更可爱、更漂亮。

家 风 故 事

元宵姑娘

汉武帝的宠臣东方朔风趣而且善良。有一天他去御花园赏梅，遇到一位宫女想要跳井自杀。东方朔赶忙把她救起来问明事情的原委，原来这名宫女叫元宵，因进宫后长久不能见到亲人而十分想念，思亲难耐，于是产生了轻生的念头。

东方朔同情元宵并答应要帮助她。于是东方朔摆摊占卜，奇怪的是所有人问卦的结果都是"正月十六火焚身"，结果长安城大恐慌。汉武帝向东方朔请教到底是怎么回事，他说："长安在劫，火焚帝阙。十五天火，焰红宵夜。"解释说：正月十五晚家家要挂灯吃元宵，城外百姓要进城看灯，就好像满城大火，以瞒玉帝。当天晚上，元宵的双亲就进城观灯，在东方朔的帮助下一家人终于团圆了。

点彩灯来历

传说在很久很久以前，凶禽猛兽很多，四处伤害人和牲畜，人们就组织起来打它们。有一只神鸟因为迷路而降落人间，却意外地被不知情的猎人给射死了。天帝知道后十分震怒，立即传旨，下令让天兵于正月十五日到人间放火，把人间的人畜财产通通烧死。天帝的女儿心地善良，不忍心看百姓无辜受难，就冒着生命的危险，偷偷驾着祥云来到人间，把这个消息告诉了人们。众人听说了这个消息，就如头上响了一个焦雷，吓得不知如何是好。过了好久，才有个老人家想出个法子，他说："在正月十四、十五、十六这三天，每户人家都在家里张灯结彩、点响爆竹、燃放烟火。这样一来，天帝就会以为人们都被烧死了。"大家听了都点头称是，便分头准备去了。到了正月十五这天晚上，天帝往下一看，发觉人间一片红光，响声震天，连续三个夜晚都是如此，以为是大火燃烧的火焰，心中大快。人们就这样保住了自己的生命及财产。为了纪念这次成功，从此每到正月十五，家家户户都悬挂灯笼，放烟火来纪念这个日子。

第七章丰富多彩：节日礼仪

慎终追远清明节

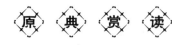

【原文】

清明时节雨纷纷，路上行人欲断魂。借问酒家何处有？牧童遥指杏花村。

——《清明》

【译文】

清明节这天细雨纷纷，路上远行的人好像断魂一样迷乱凄凉。向人询问哪里有酒家，牧童远远地指了指杏花村。

礼仪之道

清明本来是中国的二十四节气之一，在一年的季节变化中占有十分特殊的地位。《岁时百问》说："万物生长此时，皆清洁而明净，故谓之清明。"清明时气候转暖，雨量增多，劳动人民抓紧时间安排春耕生产。后来，清明又由一个节气演变为一个重要的传统节日。因此，清明节的渊源，与中国古代的农业生产活动有着密切的关系。

说到清明，还要追溯到古代的"寒食节"。寒食节和清明节最初是两个不同的节日。寒食节在每年冬至后的第一百〇五天，恰是清明节的前一两天。后来民间将寒食节并入清明节，清明节就逐渐取代了寒食节。如今，清明节时期主要进行以下活动。

一、扫墓

清明节是一个纪念祖先的节日，主要的纪念仪式是扫墓。扫墓是慎终追远、敦亲睦族及行孝的具体表现。基于上述意义，清明节因此成为华人的重要节日。扫墓是清明节最早的一种习俗，这种习俗延续到今天，已随着社会的进步而逐渐简化。扫墓当天，子孙们把先人的坟墓及周围的杂草修整和清理干净，然后供上食品、鲜花等。由于火化遗体越来越普遍，因此，前往骨灰置放地拜祭先人的方式正在逐渐取代扫墓的习俗。

二、踏青

踏青又叫春游，古时叫探春、寻春等。三月清明，春回大地，自然界到处呈现一派生机勃勃的景象，正是郊游的大好时光。我国民间长期保持着清明踏青的习惯。

三、植树

清明前后，春阳照临，春雨飞洒，种植的树苗成活率高，成长快。因此，自古以来，我国就有清明植树的习惯。有人还把清明节叫作"植树节"，植树风俗一直流传至今。1979年，全国人民代表大会常务委员会做出决定，每年的3月12日为我国的植树节。这对动员全国各族人民积极开展绿化祖国活动，有着十分重要的意义。

清明节的祭祀活动，是中华民族特有的形式，是后人感恩的特殊表达方式，表现为对天地、民族共同祖先、家族祖先、他人的感恩。只有从民族的先辈们和民族历史中汲取智慧和力量，对先辈们抱着感恩的情怀，且使之转化成对历史和文明进步的礼赞，才能够实现和迎接中华民族的伟大复兴。

当然，各地习俗有所不同，在清明节除扫墓祭祖的活动外，还有踏青春游的活动。

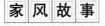

家 风 故 事

清明传说

相传春秋战国时期，晋献公的妃子骊姬为了让自己的儿子奚齐继位，设计害死了太子申生，申生的弟弟重耳流亡他乡，受尽了屈辱，身边的臣子也陆陆续续地各奔出路了，只剩下少数几个忠心耿耿的人一直追随着他，其中一人叫介子推。有一次，介子推为了救饿昏了的重耳，竟从自己腿上割下了一块肉，用火烤熟了送给重耳吃。十九年后，重耳回国做了君主，就是著名的春秋五霸之一的晋文公。

晋文公执政后，对那些和他同甘共苦的臣子大加封赏，唯独忘了介子推。有人为介子推鸣不平，晋文公猛然忆起旧事，心中愧疚不已，立刻差人请其上朝受赏封官。介子推坚辞不受，晋文公只好亲自去请，但介子推早已背着老母躲进了绵山(今山西介休东南)。晋文公又差御林军上山搜索，也没有找到。于是，有人出主意说，不如放火烧山，三面点火，留下一面，大火起时介子推定会自己走出来……

大火烧了三天三夜，却始终不见介子推的身影。人们上山一看，介子推母子俩抱着一棵烧焦的柳树已死去多时。晋文公不禁失声痛哭，突然，有人发现介子推尸体后面的树洞里好像有什么东西，掏出一看，原来是一片衣襟，上面题了一首血诗：

割肉奉君尽丹心，但愿主公常清明。

柳下做鬼终不见，强似伴君作谏臣。

倘若主公心有我，忆我之时常自省。

臣在九泉心无愧，勤政清明复清明。

晋文公将血书藏入袖中，然后把介子推和他的母亲安葬在那棵烧焦的大柳树下。为了纪念介子推，晋文公下令把绵山改为"介山"，在山上建立祠堂，并把放火烧山的这一天定为寒食节，晓谕全国，每年这天禁忌烟火，只吃寒食。晋文公还伐了一段烧焦的柳木，做了双木屐穿在脚上，每天叹道："悲哉足下。""足下"从此便成了下级对上级或同辈之间相互间的敬称。

第二年，晋文公率领群臣，素服徒步登山祭奠。行至坟前，只见那棵老柳树死而复活，绿枝千条，随风飘舞。晋文公望着复活的老柳树感慨万千，他珍爱地掐了一些枝条，编了一个圈儿戴在头上，又赐名老柳树为"清明柳"。于是，清明插柳的习俗便开始流传。

之后，晋文公常把血书带在身边，作为鞭策自己执政的座右铭。他执政清明，励精图治，晋国的百姓得以安居乐业。为表示对有功不居、不图富贵的介子推的敬仰与怀念，每逢寒食节，人们不生火做饭，只吃冷食。每到清明，人们把柳条编成圈儿戴在头上，把柳枝插在房前屋后，以表敬意。

如今，寒食节和清明节早已合为一个节日，其意义也从怀念介子推扩展到了怀念所有逝去的亲朋。

粽叶飘香端午节

原 典 赏 读

【原文】

玉粽袭香千舸竞，艾叶黄酒可驱邪。骑父稚子香囊佩，粉俏媳妇把景撷。

——许文通《端阳采撷》

【译文】

美味粽香扑鼻来，千舸竞相赛龙舟，艾叶和黄酒可以驱鬼辟邪。骑在父亲身上的小孩子佩戴着香囊，美丽俊俏的媳妇幸福地看着这一景象。

礼 仪 之 道

端午节为每年农历五月初五，为中国国家法定节假日之一，已被列入世界非物质文化遗产名录。端午节起源于中国，最初是中国人民祛病防疫的节日，吴越之地春秋之前有在农历五月初五以龙舟竞渡形式举行部落图腾祭祀的习俗，后因诗人屈原在这一天死去，便成了中国汉族人民纪念屈原的传统节日。部分地区也有纪念伍子胥、曹娥等说法。

端午节在我国各地有不同叫法，如端午节、端阳节、重五节、天中节、夏节、五月节、菖蒲节、龙舟节、浴兰节、粽子节等，每年这一天的传统习俗有赛龙舟、吃粽子、插艾蒿等。

关于端午节的起源，据闻一多先生考证，它本是古代中国江南地区的吴越民族——一个龙图腾部族——举行图腾祭的节日。远古时代，生活在水边的部落，出于对龙的崇拜而进行祭祀活动。当时人们对龙怀着敬畏的心理，以龙为图腾，举行隆重的水上祀龙神仪式，祈求龙的庇护，于是形成端午节最初的雏形。经过数千年的发展、演绎，各地根据自己的历史文化，加入许多人文故事，对端午节起源做了自己的解释，其中纪念屈原是比较流行的说法。

一、祀神

端午节是一个祭祀诸神的节日，其中包括屈原、曹娥、蚕神、农神、张天师和钟馗。曹娥是浙江地区农历五月五日祭祀的神灵之一，至今民间还流传着有关她的历史传说。由于曹娥是孝女的楷模，因而为东汉时期的统治者所提倡，并加以宣传，同时还把她与龙舟联系起来。浙江建德地区认为白娘子盗仙草救了许仙，也救了百姓，所以当地在端午节祭白娘子。浙江衢州地区把农历五月五视为药王神农的生日，以该日阴晴占卜年成好坏及药品的质量。

端午节的驱疫避邪之神是钟馗。这一天各户都请钟馗图，挂于门上驱鬼，各户之间也以赠送钟馗像为荣。钟馗既可打鬼，又可驱疫。古代早期人们就信仰钟馗，如铜镜上的图案常常便是钟馗像。张天师、钟馗皆为道教历史人物，道教正善于驱鬼降妖，而农历五月初五为年中的恶月恶日，自然会把道教的神仙搬到节日中来，所以这是较晚兴起的信仰。

另外，在福州称瘟神为大帝，曾修建庙宇供奉，五月端午举行大帝诞，杀牲祭祀，搭台唱戏。而浙江湖州地区则过谢蚕神节。

二、划龙舟

划龙舟是端午节的重要活动，中国绝大多数县市在端午节都举行划龙舟活动。所谓龙舟，就是龙与船的结合，是一种以龙为标志的竞赛船只。划龙舟不仅在汉族地区流行，在少数民族地区也相当活跃，如壮族、傣族、苗族都有盛大的龙舟赛会，云南西双版纳的傣族举行泼水节活动时，也举行龙舟比赛，龙舟华丽且具民族特色，观者如云。另外在朝鲜族、白族、土家族、拉祜族、仫佬族、京族、黎族地区，也过端午节，其中满族又称端午节为"重五节"。

龙舟的特征表现在龙头、龙尾上，此外还有各种装饰，如舟上有神楼、神位、旗帜、彩灯、大鼓、铜锣等。每逢端午节时，事先要修龙舟，训练水手，到节日举行龙舟比赛。比赛前，必须请龙、祭龙，然后进行竞渡。龙舟赛总会吸引大量观众，他们常常在岸边跟着龙舟奔跑，场面热闹非凡。

划龙舟的主要目的：一是运动健身，二是驱除瘟疫，三是祈求农业丰收。

三、吃粽子

粽子，又称角黍。角黍的做法是把粽叶即大竹叶泡湿，糯米发开，以肉、豆沙、枣仁等为馅，包成三角或四角形状，蒸煮熟而食之。为什么端午节要吃粽子呢？传说是为了纪念历史人物屈原，粽子是献给他的供品。其实吃粽子怀念屈原是较晚的，在此之前粽子是一种夏令或夏至食品，同时用以祭祀水神或龙，后来才把纪念屈原附会上去，并流传至今。

端午前，各家各户上山采粽叶，洗净晾干，节前浸若干糯米，然后主妇们亲自动手包粽子，既有用甜豆沙作粽芯，也有用咸肉作粽芯，也有不包馅的白粽子，放在一个大锅里煮熟。除自家享用外，也会让邻居品尝。

四、避五毒

民间信仰认为农历五月为恶月，初五又是恶日，有五毒，即蛇、蜈蚣、蝎子、蜥蜴、癞蛤蟆。此月多灾多难，甚至生孩子都会夭折，因此必须采取各种方法预防，包括以服药和宗教手段来避五毒之害。为了对付五毒，在端午节要赐扇，小孩穿五毒裹肚，佩香囊，捕蛤蟆，贴端午符，沐浴兰汤等。天津已婚妇女要带领小孩到河边"躲午"，并把身上佩戴的避邪物如布人、布狗等物丢入水中，让小布人代替受灾，同时又包含有民间俗称的狗咬灾星的意味。

雄黄酒，是注酒内加入药物——雄黄，其中含三硫化二砷。民间认为把雄黄酒涂在额上、耳朵上，能防虫健身。浙江奉化民间认为端午前后的药材治病最灵，必多采集，送给老人，故称该节为送药节。东北少数民族在端午节早晨出去采菖蒲、艾蒿，还去水边捉青蛙，然后注蛙口内填一块墨，令其干燥，一旦发现有人患水肿病，就用蛙墨涂抹伤口，但这必须是在端午节时制作的。

民间多见于门户上插菖蒲、悬白艾以避毒，也有加石榴花、蒜头、龙船花者，合称天中五瑞，可与五毒相克。有些地方卖五虎花，佩挂护身灵物。这些饰物，又称香包，取避邪之意。有些地方还专门缝制五毒衣、五毒背心，让小孩子穿上护身。此外，还有贴永安符，举行钟馗赛会。民间有关防五毒的剪纸也有不少，如倒灾葫芦、艾虎菖蒲剑葫芦、老虎镇五毒等。

这些习俗，各地传说不一，称呼不同，举行的仪式也不同，故朱熹称其为俗节。但民间节日的仪式，所展示的运动健身和预防疾病的思想，所体现的精神仍然是人文关怀，当代人文学者李汉秋先生就曾建议将端午节办成爱国卫生日。

家 风 故 事

五月初五插艾蒿

有一年，天上有位老神仙听说凡间风调雨顺，五谷丰登，家家户户都装满了粮仓，就下凡到人间游玩。他来到一个村庄，摇身变成一个穿得破破烂烂的乞丐，提着打狗棒，端着讨饭碗，来到一户人家门前。

进了门，他就看见有位妇人正在喂猪，猪槽里的猪食竟然是白面汤！里面还有整块的烙饼和馒头。再往屋内一看，锅台上放着一大盆热气腾腾的米饭。老人心内暗自高兴，看来凡间的百姓日子过得不错，只是不知道他们的心地是否淳朴善良。

还没等老神仙说话，那位妇人便嚷起来："哪里来的脏乞丐，赶紧从我家出去！"

老神仙忍着气说："这位大嫂行行好，我已经两天没吃到饭了，求求你给我点饭吃吧！"

妇人嗤之以鼻地说："快给我滚出去！我这没有给你的东西吃！给你吃还不如喂我的猪，猪喂肥了过年还可以杀了吃肉，给你吃有什么用！"

老神仙强忍着怒火说："那求你给我碗凉水喝吧！"

妇人拿来用铁丝编的笊篱说："你要是有本事，就用这笊篱舀水喝吧。"

笊篱是用来捞东西的，根本盛不住水。老神仙见妇人捉弄他，再也忍不住怒火，心想这个地方的人太坏了，就用手指在门墙上比画几下，然后消失不见了。妇人大吃一惊，才明白讨饭的老人不是凡人，再看墙上写着一行大字：明日降瘟疫，全村都莫逃。妇人知道自己闯了大祸，坐在地上哭起来。

第二天正是五月初五，天刚擦亮时，老神仙拿着装瘟疫的瓶子来到村子上空，刚要打开瓶盖，忽然看见有位妇女抱着大孩子，领着小孩子，慌慌张张地蹚着河水往对岸走。老神仙觉得很奇怪，又变成个老头在河对岸问她："你怎么抱着大孩子，领着小孩子啊？"

那妇女回答说："老人家，这个大孩子是丈夫前妻留下的孩子，小孩子是我生的。昨天我们村有人得罪了神仙，神仙要让全村得瘟疫，我们只好逃走。蹚水容易着凉生病，我怎么能抱着亲生的儿子，让我丈夫前妻的儿子蹚水呢！"

老神仙听了心里不住地赞许，嗯，这是个好心的后娘，看来虽然在一个村，人和人还是不一样的啊！老神仙拔了一棵艾蒿递给她说："你带着孩子们回村去吧，把这棵艾蒿插在你家门框或窗框上，瘟病就不会传染到你家。"说完用手一指，河上出现一座桥，妇人带着孩子从桥上走过河。

妇人一边向家走一边想，应该让大家都能躲避瘟疫。于是她跟孩子拔了一大捆艾蒿，在每家每户的门框和窗框上都插上了艾蒿，老神仙的瘟疫药没处落，随风飘到大海里去了。村里人为了感谢这位善良的妇人，在每年的五月初五，太阳没升起前，就采来艾蒿插在门框和窗框上，还要打来河水洗手洗脸，以图驱凶避邪、身体健康。

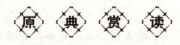

牛郎织女七夕节

【原典赏读】

【原文】

纤云弄巧，飞星传恨，银汉迢迢暗度。金风玉露一相逢，便胜却人间无数。柔情似水，佳期如梦，忍顾鹊桥归路。两情若是久长时，又岂在朝朝暮暮。

——秦观·《鹊桥仙·纤云弄巧》

【译文】

秋云多变，流星传恨，牛郎织女在七夕渡天河相会。秋风白露在秋天相遇，胜过了人间无数的儿女情长。温柔情感如水，美好时光如梦，不忍回顾各回鹊桥两头的路。如果双方的感情是坚贞不渝的，又何必执着于朝夕相守。

礼仪之道

七夕，原名乞巧节。七夕乞巧，这个节日起源于汉代，东晋葛洪的《西京杂记》有"汉彩女常以七月七日穿七孔针于开襟楼，人俱习之"的记载，这是古代文献中所见到的最早关于乞巧的记载。汉代画像石上的牛宿、女宿图显示，"七夕"最早来源于人们对自然的崇拜。从历史文献上看，至少在三四千年前，随着人们对天文的认识和纺织技术的产生，有关牵牛星、织女星的记载就有了。

"七"又与"吉"谐音，"七七"又有双吉之意，是个吉利的日子。在台湾，七月被称为"喜中带吉"月。因为喜字在草书中的形状好似连写的"七十七"，所以把七十七岁又称"喜寿"。"七"与"妻"同音，于是"七夕"在很大程度上成了与女性相关的节日。二十八宿中的娄星，就是人们崇拜的女星，民间为女性祝寿时，常见到"娄星高照"的匾，表达的就是为女性长者祝寿的意思。

有的地方，七月初七的中午，姑娘们端出一碗水，放置在太阳下，待水面平稳时，取出一枚绣花针，小心翼翼地让它浮在水面上。如果心不静，手法掌握不好，针就会没入水底，这个姑娘会被围观者笑。这个礼仪，主要是考察女孩为人做事的用心是否专一及遇事是否冷静。后世女性的各项技能比赛，大约是从此脱胎而来。

七夕傍晚，沐浴后穿着新衣的少女举行乞巧活动，三五成群地聚在庭院中，摆上香案，陈列各种瓜果和化妆品，一起祭拜七姐姐，边拜边唱："天皇皇，地皇皇，俺请七姐姐下天堂。不图你的针，不图你的线，光学你的七十二样好手段。"然后每人从老太太手中接过一根针、七根线，借着月光穿针引线。谁穿上线，谁就算乞得巧了，穿得最快者最巧。笨手笨脚的女孩子，就得刻苦努力，反复练习针线活，否则就不容易嫁个好人家。这个仪式，可以看作少女集体接受"女红"教育的最佳表达式，是纪念少女从前辈那里学习本领的重要节日。

七月初七是中国传统节日里最具浪漫色彩的"七夕节"，是传说中牛郎与织女一年一度在银河鹊桥相会的日子，该日也逐步演变为中国的情人节。因为每到七夕，有情人总会仰望星空，思念牛郎与织女，男女之间祈祷爱情忠贞不渝，表达爱慕之心。因此，也有人称之为"中国情人节"。基于此，我们可以将农历七月初七看作青年人步入婚姻殿堂的前奏，与古代"昏礼"联系起来，也为人们追求忠贞爱情提供了最佳的榜样。

这是根植于华夏大地的重要节日，是考察女性做事是否用心专一、用情是否专一的节日，一般认为它是女性劳动教育、技能比赛的节日，潜藏着寓教于乐、熟能生巧、巧手得人喜爱的含义，故为古代女性所乐于接受。乞巧节是华夏民族专门为女性而设的节日，数千年来它赋予女性的历史意义，自然不逊于三八国际妇女节。

七夕节夜晚，人们有坐看牛郎织女星，在瓜果架下偷听牛郎织女在天上相会时的脉脉情话的习俗。由于地域文化的差异，同一个七夕节，在各地的节日活动内容也各不相同。不过最普遍的习俗，就是妇女们在七月初七的夜晚进行的各种乞巧活动。

一、拜织女

"拜织女"是少女、少妇们的事。她们大都是事先和朋友或邻里们约好(一般五六人，多至十来人)，在一起进行拜织女的活动。举行的仪式是在月光下摆一张桌子，桌子上摆上茶、酒、水果、五子(桂圆、红枣、榛子、花生、瓜子)等祭品。把鲜花、束红纸插在瓶子里，花瓶前置一个小香炉。事先约好参加拜织女的少妇、少女们，斋戒一天，沐浴完后，都准时到主办人的家里，于案前焚香礼拜。之后，大家一起围坐在桌前，一面吃花生、瓜子，一面朝着织女星座，默念自己的心事，也就是平常我们所说的许愿，如少女们希望长得漂亮或嫁个如意郎君、少妇们希望早生贵子等，都可以向织女星默祷。

二、拜魁星

俗传七月初七是魁星的生日。"魁星"是北斗一星宿名。民间谓"魁星主文事"。闽东一带读书人崇敬魁星，仅次于孔子，在七夕更有"拜魁星"

之俗。

据民间传说，魁星爷生前长得十分丑，满脸斑点，又是个瘸腿，经常有人嘲笑他。魁星爷虽然面貌奇丑，但他却是一个十分有才华的人，他通过层层考试，高中榜首。

殿试时，皇帝亲自考查他的学问，见他满脸麻子，腿又瘸，十分不高兴，便问："你怎么满脸麻子，腿还瘸了？"魁星爷答道："麻面满天星，独脚跳龙门。"皇帝又问："当今天下的文章谁写得最好？"他机智地回答道："天下文章写得最好的在我们县，我们县里写得最好的在我们乡里，我们乡里文章写得最好的是我弟弟，而我弟弟请我帮他修改文章。"委婉地表明他的文章是天下最好的。皇帝大喜，读完他的文章后，更是称赞不已："不愧天下第一。"于是钦点他为状元。

后来，他升天做了魁星爷，主管功名禄位。所以，想求取功名的读书人特别崇敬魁星，一定会在七夕这天祭拜，祈求他保佑自己考运亨通。

三、拜"床母"

台湾七夕除拜七娘妈之外，注注也另备小碗油饭到房中拜"床母"，二者应有类似含意。生产、育儿，这都是女性无可替代的天职，因此这类神祇也都是女性神。

"床母"，又称"床神"，是儿童的保护神，在夜间照顾新生至十六岁的孩子。据说，在睡梦中的婴儿，有时候微笑，有时候皱眉，是因床母正在教导婴儿。七月初七是床母的生日，家中有儿童的家庭，在七夕傍晚时分，在儿童睡的床边拜床母。供奉油饭、鸡酒(或麻油鸡)，焚烧"四方金"和"床母衣"。拜床母时间不宜太长，不像平常祭拜要斟酒三巡，大约摆好供品，点上香以后，就可以准备烧"四方金"和"床母衣"，烧完即可撤供。拜"床母"是祈求床母保佑自己的孩子平安。不能拜太久，怕床母会宠孩子赖床。

四、吃巧食

七夕节的饮食风俗，各地不尽相同，一般都称其为吃巧食，其中多饺子、面条、油果子、馄饨等。吃云面，此面要用露水制成，吃它能获得巧意。还有许多民间糕点铺，喜欢制一些织女形象的酥糖，俗称"巧人""巧酥"，出售时又称为"送巧人"，此风俗在一些地区流传至今。

五、吃巧果

七夕的节日食品，以巧果最为有名。巧果又名"乞巧果子""巧馃馃"，款式极多。主要的材料是油、面、糖、蜜。《东京梦华录》中称之为"笑厌儿""果食花样"。图样则有捺香、方胜等。宋朝时，市集上已有七夕巧果出售。巧果的做法是：先将白糖放在锅中融为糖浆，然后加入面粉、芝麻，拌匀后摊在案上擀薄，晾凉后用刀切为长方块，然后折为梭形面胚，入油炸至金黄色。手巧的女子，还会捏制出各种与七夕传说有关的花样。此外，乞巧时用的瓜果也有多种花样，或将瓜果雕成花鸟虫鱼，或在瓜果表面浮雕各种图案，称为"花瓜"。

六、种巧菜，做巧花

七夕节时，山东荣成有两种活动。一种是"巧菜"，另一种是"巧花"。所谓种巧菜，指在七夕节之前，女子们会拿出来一些种子，把这些种子种在酒杯当中，好好培育，培养出来的菜芽即为巧菜。等到七夕节那天，各家女子都把自己培育的巧菜拿到一起来，比较比较，看看谁的巧菜最为茂盛漂亮，就说明谁的手艺精巧，仙女们就会给谁带来美满的生活，满足她的愿望，包括选中自己的如意郎君等。所谓做巧花，指七夕那天，各家女子都聚到一起来，用白面制作各种花型的面食，然后一起享受这样的七夕节美食，同时也会把小孩子们都叫到一起来，分享节日的快乐和美味。

七、吃白糖炒黄豆花生

在福建仙游有这样一个七夕节习俗，那就是用白糖炒黄豆花生，这是一个非常有特色的地方性七夕节风俗，已经流传得非常久远了。七夕这天，每家每户都会去做炒豆，材料是白糖、黄豆还有生花生。黄豆要提前一天浸泡，然后第二天在锅里炒半熟盛起来备用，花生也是要在锅里炒熟盛起，接着把白糖倒进锅里煮，等糖化了，再把黄豆和花生倒进锅里一起炒。

除上述习俗外，七夕节还有许多娱乐性活动，如热闹非凡的乞巧庙会、宴饮等，此外，各地还有在七夕晚上演《天河配》，以此纪念牛郎织女相会。

237

第七章——丰富多彩：节日礼仪

家风故事

蛛丝乞巧

在古代，女子在七夕之夜，还有"蛛丝乞巧"的风俗。例如《补红楼梦》写七夕的"闺中儿女之戏"："各人用小盒子一个，里面放上一个极小的蜘蛛，供在桌上，等明儿早上开看。如里面结成小网，有钱一般大的，便为'得巧'。也还有结网不圆不全的，又次之也还有全然不结网的。……到了次早，桂芳见天初亮便起来了，到了各处把众人都催了起来。梳洗已毕，都到怡红院中。大家来齐，便到昨儿所供檐前香案上面，把各人的盒子拿了过来。打开看时，只见桂芳与松哥的两个盒子里面，有蛛丝结网并未结成，蕙哥、祥哥、禧哥的盒里全然没有蛛丝。……又将月英、绿云的两个盒子揭开看时，只见里面却都有钱大的蛛网，结得齐全圆密。大家都来看了，齐声说，'好!'"又如《后红楼梦》写七夕的"乞巧的雅集儿"："众人在潇湘馆里玩了一天，太阳将要尽了，方才散局。……众人都把蜘蛛盒儿一个个供上去，也有金丝银丝的，也有雕漆的、镶金的，都贴上个记号。……王夫人道，'瞧瞧盒子内，咱们今日乞的巧谁的多。'黛玉道，'本来应该明日打开来；且瞧瞧看，可有什么在里头。'一会子，大家打开来，除了王夫人、薛姨妈、史湘云、平儿不曾供，那紫鹃、莺儿的蜘蛛丝通满了，探春、李纨、李纹、李绮、邢岫烟、喜鸾的统是网了个冰纹玫瑰界方块、长方块儿，晴雯的网了两朵芙蓉花，宝琴的网了几朵梅花，宝钗的网了一朵牡丹花。独是黛玉的蜘蛛不见了，网了些云丝儿，中间网了'仙子'两字，清清楚楚认得出来。黛玉十分得意，王夫人以下个个称奇。黛玉就叫将这些蜘蛛儿一个不要伤他，叫晴雯看着，送往稻香村豆架边放生去了。"小说中描写的就是所谓的"蛛丝乞巧"风俗。

合家团圆中秋节

【原文】

暮云收尽溢清寒，银汉无声转玉盘。此生此夜不长好，明月明年何处看？

————苏轼·《中秋月》

【译文】

夜幕降临，云气收尽，天地间充满了寒气，银河流泻无声，皎洁的月儿转到了天空，就像玉盘那样洁白晶莹。我这一生中每逢中秋之夜，月光多为风云所掩，很少碰到像今天这样的美景，真是难得啊！可明年的中秋，我又会到何处观赏月亮呢？

礼仪之道

中秋节，即农历八月十五。这是中国人一直都喻为最有人情味、最诗情画意的一个节日。"每逢佳节倍思亲"，中秋节的这一份思念当然会更深切，尤其是在一轮明月高挂的时刻。中秋之所以是中秋，是因为农历八月十五这一天是在三秋之中。这一天天上的月亮特别大、特别圆，所以这一天也被视为撮合姻缘的大好日子。有关中秋的来源民间一直流传着多个不同的传说和神话故事。

相传，远古时候有一年，天上出现了十个太阳，直烤得大地冒烟，海水枯干，老百姓眼看无法再生活下去。这件事惊动了一个名叫后羿的英雄，他登上昆仑山顶，运足神力，拉开神弓，一口气射下九个多余的太阳。后羿立下盖世神功，受到百姓的尊敬和爱戴，不少志士慕名前来投师学艺。奸诈刁钻、心术不正的蓬蒙也混了进来。不久，后羿娶了个美丽善良的妻子，名叫嫦娥。后羿除传艺狩猎外，终日和妻子在一起，人们都羡慕这对郎才女貌的恩爱夫妻。一天，后羿到昆仑山访友求道，巧遇由此经过的王母娘娘，便向王母求得一颗不死药。据说，服下此药，能即刻升天成仙。然而，后羿舍不得撇下妻子，只好暂时把不死药交给嫦娥珍藏。嫦娥将药藏进梳妆台的百宝匣里，但不料被蓬蒙看见了。三天后，后羿率众徒外出狩猎，心怀鬼胎的蓬蒙假装生病，留了下来。待后羿率众人走后，蓬蒙持剑闯入内宅后院，威逼嫦娥交出不死药。嫦娥知道自己不是蓬蒙的对手，危急之时她当机立断，转身打开百宝匣，拿出不死药一口吞了下去。嫦娥吞下药，身子立时飘离地面，冲出窗口，向天上飞去。由于嫦娥牵挂着丈夫，便飞落到离人间最近的月亮上成了仙。

傍晚，后羿回到家，侍女们哭诉了白天所发生的事情。后羿既惊又怒，抽剑去杀恶徒，但蓬蒙早逃走了。悲恸欲绝的后羿，仰望着夜空呼唤爱妻的名字。这时他惊奇地发现，今天的月亮格外皎洁明亮，而且有个晃动的身影酷似嫦娥。后羿急忙派人到嫦娥喜爱的后花园里摆上香案，放上她平时最爱吃的蜜食鲜果，遥祭在月宫里眷恋着自己的嫦娥。百姓们闻知嫦娥奔月成仙的消息后，也纷纷在月下摆设香案，向善良的嫦娥祈求吉祥平安。从此，中秋节拜月的风俗便在民间传开了。

中秋节的传统食品是月饼，月饼是圆形的，象征团圆，反映了人们对家人团聚的美好愿望。

据《礼记》记载，"天子春朝日秋夕月"。此处所谓"朝""夕"皆为祭拜之意。唐朝《开元遗事》写道，"中秋夕上与贵妃临太液池望月"。而宋朝《东京梦华录》亦记录"中秋夜民间争餐酒楼玩月，至于通晓"。由此可知，农历八月十五祀月、赏月迄今已有数千年的历史。

民间主要是祭拜月宫的嫦娥。拜月是妇女的专利，家中的主妇忙着拜月，小孩子也可跟着拜。中秋节前几天，街市上都会卖一种专供儿童祭月用的"兔儿爷"。兔儿爷的起源约在明末，以泥土塑造成兔首人身，其坐姿如人状。到了清代，兔儿爷的功能已由祭月转变成儿童中秋节的玩具，制作也日趋精致，有扮成武将头戴盔甲、身披战袍的，也有扮成商贩的，或是扮成剃头师父、缝鞋、卖馄饨茶汤的等各种造型。随着时代的发展，赏月重于祭月，严肃的祭祀变成了轻松的娱乐。

中国流行在中秋节互赠礼品。每到农历八月初，各商店纷纷推出各式礼盒礼券，以中秋送礼的名义招徕顾客。

中秋是我国三大灯节之一，但中秋节却没有元宵节那样的大型灯会，"玩花灯"只是在家庭之间、儿童之间进行的。《武林旧事》一书中记载，北宋时有中秋夜放"河灯"的习俗。中秋之夜，人们把谓之"一点红"的灯放入江中漂流，然后随灯追逐，游戏取乐。这时的河灯还没有祈福的寓意，只是大家玩耍的一种方式。由于气候环境等因素的影响，中秋玩花灯多集中在南方。彩灯种类繁多，花样百出，有芝麻灯、蛋壳灯、刨花灯、稻草灯、鱼鳞灯、谷壳灯、瓜子灯及鸟、兽、花、树灯等，品种之丰富令人眼花缭乱。

在广州和香港，中秋夜有"竖中秋"的习俗。所谓"竖中秋"，就是将做好的各式彩灯高高竖起来庆贺中秋节的意思。孩子们用竹篾条和彩色纸张来扎兔子灯、杨桃灯等各式的灯，然后用一根短竿把灯横挂起来，再竖起于高杆之上。大家还要互相比赛，看谁制作的彩灯竖得高、竖得多，比谁的彩灯制作得最精巧、最传神。到了夜晚，各家的彩灯一齐点亮，飞彩流光，灿若银河，与天上的明月相辉映，成为中秋一道独特的亮丽风景。

关于月饼的起源，有一种说法，就是月饼最初起源于唐朝军队庆祝战争胜利的食品。相传，唐高祖年间，大将军李靖征讨匈奴得胜，在八月十五这一天凯旋。时值有位在唐经商的吐蕃人向高祖皇帝献饼祝捷。高祖李渊接过精致的饼盒，拿出圆饼，笑指空中明月说，"应将胡饼邀蟾蜍"，之后便把圆饼分发给群臣一起品尝。从此，这种圆饼逐渐流入民间，经过人民的不断改造，成为百姓喜爱的食品。也因为唐高祖举饼邀月，而且是在八月十五这一天，就名之曰"月饼"。关于"月饼"一名的由来，民间流传中还有一种说法：早在唐代，民间已有专门从事制饼生意的做饼师傅，京城长安也开始出现糕饼铺。

"胡饼"已成为普通百姓的寻常食品。有一年中秋之夜，唐玄宗和杨贵妃共同赏月吃"胡饼"时，唐玄宗觉得"胡饼"美味至极，而名字却不甚好听，和它的美味无法匹配，便感叹了一下。恰巧杨贵妃听到，她仰望晴空中皎洁的明月，心中豁然开朗，随口而出"月饼"二字。从此，"月饼"的名称替代了"胡饼"，在民间逐渐流传。

第七章—丰富多彩：节日礼仪

此后，月饼的做法更加精致考究，种类也愈趋繁多。在外形上，有关月亮传说或故事的图案也被呈现在外皮上。起初这些图案是先画在油纸上，然后再印上去的，类似于今天老北京的名点"京八件"的样式。到了后来，人们做饼的技艺不断改进，便把图案刻在模具上，直接压制在面饼上了。北宋年间，连皇宫中在中秋节这一天都喜欢吃这种形似满月的"月饼"，民间俗称为"小饼""月团"。大文学家苏东坡有诗云："小饼如嚼月，中有酥和饴。"说的就是这种象征月亮的"月饼"。酥是油酥，饴就是糖，其香脆甜美的口感可想而知。宋代的文学家周密，在记叙南宋都城临安见闻的《武林旧事》中首次提到"月饼"的名称。

到了明代，中秋节要吃月饼的习俗才真正在民间形成。元朝末年，政治黑暗，统治阶级内部政局动荡。元朝政府横征暴敛，对汉族及非蒙古族的人民进行残酷的剥削和压制，百姓不堪蒙古人的欺凌和元朝政府沉重的劳役负担，农民起义风起云涌。朱元璋领导的起义队伍为了推翻元朝统治的暴政，相约在八月十五这一天举行起义。但朝廷已经察觉到民间的激烈反抗情绪，官府控制搜查得十分严密，传递消息格外困难。为了避免走漏消息，军师刘伯温便想出一计，令属下将写有"八月十五夜起义"的小纸条藏入圆饼里面，再派人分头将藏有字条的圆饼传送到各地起义军中，通知他们在八月十五晚上共同举义。到了起义的那天，各路起义军一齐响应，号称"八月十五杀鞑子"。起义大获全胜，起义军一路势如破竹，最终推翻了元朝。明朝建立后，为了纪念起义胜利，人们在中秋节这一天都吃月饼，从此形成习俗，在民间传开来。

时至今日，月饼的种类和口味已经十分丰富。按产地划分，可以分为：广式、苏式、京式、港式、台式、潮式、徽式、滇式、衢式、秦式等；按口味划分，又可分为甜味、咸味、咸甜味、麻辣味等；按馅料划分，有桂花、梅干、五仁、豆沙、冰糖、白果、肉松、黑芝麻、火腿、蛋黄等；按月饼的表皮划分，又有浆皮、混糖皮、酥皮、奶油皮等。

月饼的做法也因地区而不同，多数为烤制，但甘肃武威城乡却有中秋蒸月饼的习俗。每逢中秋佳节，家家蒸大月饼以示全家团圆，并馈赠亲友，表达祈盼风调雨顺、五谷丰登的美好愿望。

家风故事

朱元璋月饼起义

元朝时，统治者把各族人分为四等，地位最高的是蒙古人，第二等是色目人，汉人和南人是三四等的贱民。汉人连姓名都没有，只能以出生日期为名，也不能拥有武器，甚至连做饭用的菜刀，都是几家合用一把。苛捐杂税日益沉重，再加上灾荒不断，广大中原百姓生活在水深火热之中。

中原百姓不堪忍受朝廷的残酷压迫，纷纷起义抗元。朱元璋联合各路的反抗力量，提出"驱逐胡虏，恢复中华，立纲陈纪，救济斯民"的口号，准备进行大规模起义。朱元璋与刘基细细商订了起义计划，可是当时朝廷官兵搜查得十分严格，传递消息非常困难，怎么样才能让大家都得到消息却不被朝廷发现呢？

刘伯温想出个好主意，朱元璋一听连连说妙，命令属下把藏有"八月十五夜起义"的纸条藏在面饼里，再派人化装成普通百姓走亲访友的样子，把面饼分头送到各起义军中，这下大家都做好了起义的准备。八月十五那天晚上，朱元璋率先起义，各路义军纷纷响应，大有星星之火可以燎原之势。

起义军节节胜利，汉人终于重掌了政权，朱元璋实现了自己的愿望，成为明朝的开国皇帝。建朝后的第一个中秋节，朱元璋想起当年曾用面饼传递消息，就下令把那种面饼命名为月饼，并作为佳节专用糕点赏赐给群臣。从此，月饼越做越精细，品种也越来越多，成为中秋节必食和馈赠的佳品。

233

第七章——丰富多彩：节日礼仪

礼

倡导文明树新风

登高采菊重阳节

【原文】

独在异乡为异客，每逢佳节倍思亲。遥知兄弟登高处，遍插茱萸少一人。

——《九月九日忆山东兄弟》

【译文】

独自漂泊在外作异乡之客，每逢佳节到来就更加思念亲人。遥想家乡的亲人们今天都在登高，遍插茱萸时唯独少我一个人。

礼仪之道

《易经》中以阳爻为"九"，将"九"字视为阳之极。"九"在古数中既为"阳数"，又为"极数"，如天之高为"九重"，地之极为"九泉"，九是信仰中最崇拜的神秘数字。九月初九，日与月皆逢九，是双九，故曰"重九"，同时又是两个阳数合在一起，故称"重阳"，所以这一天为重阳日。重阳节也被称为重九节、茱萸节、登高节、菊花节等。历代以来的汉族官民们为纪念恒景除魔，都会在九月九这天成群结队去登高眺远，平原地区的百姓无高可攀，就制作了可食用的米粉糕点，并在糕顶上插一面彩色小三角旗，借"糕"与"高"同音之便，寓意登高消灾与步步高升。此外，重阳节还有插茱萸、饮菊花酒等习俗。

九九重阳，早在春秋战国时的《楚辞》中就已提到了。屈原在《远游》中写道："集重阳入帝宫兮，造旬始而观清都。"但这里的"重阳"指天，还不是指节日。重阳节作为节日，最早在南北朝时期的著作中就已经提到了。

今天的重阳节，被赋予了新的含义，因为"九九"与"久久"同音，九在数字中又是最大数，有长久、长寿之意。20世纪80年代，我国一些地方把夏历九月初九定为老人节，倡导全社会树立尊老、敬老、爱老、助老的风气，赋予节日以时代新特色。重阳节是杂糅多种民俗为一体而形成的汉族传统节日。

一、登高

古代，民间在重阳有登高的风俗，故重阳节又叫"登高节"。相传此风俗始于东汉。唐代文人所写的登高诗很多，大多是写重阳节的习俗。重阳登高避灾的风俗，出自南朝梁人吴均所著的《续齐谐记》。李白在《九日登巴陵望洞庭水军诗》中有："九日天气晴，登高无秋云。造化辟山岳，了然楚汉分。"杜甫有《九日》诗云："重阳独酌杯中酒，抱病起登江上台。"白居易也有《九日寄微之》诗："去秋共数登高台，又被今年减一场。"边塞诗人岑参在行军途中，适逢重阳节，仍想到要去登高，怀念那故园的菊花："强欲登高处，无人送酒来。遥怜故园菊，应傍战场开。"而杜甫的七津《登高》，成为写重阳登高的名篇。

以广州地区为例，游客多于重阳登上白云山，饮酒赋诗，影响至今。在上海，附近无山丘，便把沪南丹凤楼及豫园的大假山作为登高雅集之所。至民国年间干脆又登二十四层高的国际饭店。而近代的北京香山、山东的牛山、江西南昌的滕王阁等，也都是登高胜地。尤其是滕王阁，因唐代王勃于重阳节时在阁上写出千古名文《滕王阁序》，更是闻名天下。至于湖北江陵龙山上的纪念晋代孟嘉落帽的落帽台古迹，也吸引着许多游客。

二、赏菊

菊花，又叫黄花，属菊科，品种繁多。我国是菊花的故乡，自古培种的菊花就很普遍。菊是长寿之花，又为文人们赞作凌霜不屈的象征，所以人们爱它、赞它。重阳节正是一年的金秋时节，清秋气爽，菊花盛开，窗前篱下，片片金黄，时逢佳节，共赏秋菊，真是别有情味。孟浩然的"待到重阳日，还来就菊花"，王勃的"九日重阳节，开门见菊花"，范成大的"世情儿女无高韵，只看重阳一日花"等，都道出了赏菊饮酒的情趣，语言隽永，诗意清新。白居易的《重阳席上赋白菊》更是别出心裁："满园花菊郁金黄，中有孤丛色白霜。还似今朝歌舞席，白头翁入少年场。"流露出诗人看见白菊的无限欢欣，发出了作者人老志坚的心愿。

菊花盛开，据传赏菊及饮菊花酒，起源于晋朝大诗人陶渊明。陶渊明以隐居出名，以诗出名，以酒出名，也以爱菊出名；后人效之，遂有重阳赏菊之俗。旧时文人士大夫，还将赏菊与宴饮结合，以求和陶渊明更接近。北宋京师开封，重阳赏菊之风盛行，当时的菊花就有很多品种，千姿百态。民间还把农历九月称为"菊月"，在菊花傲霜怒放的重阳节，观赏菊花成了节日的一项重要内容。清代以后，赏菊之习尤为昌盛，且不限于九月九日，但仍然是重阳节前后最为繁盛。

三、插茱萸

茱萸，又名"越椒"或"艾子"，是一种常绿小乔木。据天津市社科院罗澍伟研究员介绍，茱萸是一种药用植物，可治霍乱，根可杀虫，具有润肝降燥、温中下气、除湿解郁等功能，古人称其为"辟邪翁"，由此插茱萸成为古代民间重阳节的重要习俗。据《续齐谐记》记载："由汝南桓景拜师救乡邻的传说可知，今世人九日登高饮酒，妇人带茱萸囊，盖始于此。""登高""插茱萸"在古人看来可以避邪消灾，故九月初九一定为之。杜甫《九日蓝田崔氏庄》诗云："明年会此知谁健？醉把茱萸仔细看。"孟浩然有诗："茱萸正少佩，折取寄情亲。"朱放的《九日与杨凝、崔淑期登江上山会，有故不得注，因赠之》中的"那得更将头上发，学他年少手茱萸"等，都是描述古代重阳插茱萸的习俗。

重阳节佩戴茱萸的习俗在唐代已盛行，人们认为在重阳节这一天插茱萸可以消灾避难，或佩戴在手臂上，或做香袋把茱萸放在里面，称为茱萸囊，还有插在头上的。大多是妇女和儿童佩戴茱萸，有些地方男子也佩戴。因此，重阳节又被称为"茱萸节"。重阳节佩戴茱萸，在晋朝葛洪《西经杂记》中就有记载。除了佩戴茱萸，人们也有头戴菊花的习俗。唐代就已经如此，历代盛行。清代，北京重阳节的习俗是把菊花枝叶贴在门窗上，"解除凶秽，以招吉祥"。这是头上簪菊的变俗。宋代，还有将彩缯剪成茱萸、菊花来相赠佩戴的。

四、吃重阳糕

九月九吃重阳花糕的起源甚早。《南齐书》卷九上说，刘裕篡晋之前，有一年在彭城过重阳，一时兴起，便骑马登上了项羽戏马台检阅军队，由于匆忙，随军厨师仓促用糯米做的糕点给将士充饥，由于制作简便、携带方便，刘裕便下令把这种糕点作为以后随军作战的干粮。等他即位称帝后，便规定每年九月九日为骑马射箭、校阅军队的日子，举国同庆。据传说，后来流行的重阳糕，就是当年发给士兵的干粮。

另一种传说则流传于陕西附近。传说明朝的状元康海是陕西武功人，他参加八月中的乡试后，卧病长安，八月下旨放榜后，报喜的报子日夜兼程将此喜讯送到武功，但此时康海尚未抵家。家里没人打发赏钱，报子就不肯走，一定要等到康海回来。等康海病好回家时，已经是重阳节了，这时他才打发报子，给了他赏钱，并蒸了一锅糕给他回程做干粮，又多蒸了一些糕分给左邻右舍。因为这糕是用来庆祝康海中状元的，所以后来有子弟上学的人家，也在重阳节蒸糕分发，讨一个好兆头。重阳节吃糕的习俗就这样传开了。

重阳糕又称花糕、菊糕、五色糕，制无定法，各地风俗不同，制作也有不同，有"糙花糕""细花糕"和"金钱花糕"，当今的重阳糕，仍无固定品种，各地在重阳节吃的松软糕类都称之为重阳糕。九月九日天明时，以片糕搭孩子头额，口中念念有词，祝愿子女百事顺利，乃古人九月做糕的本意。

五、品菊花酒

我国酿制菊花酒，早在汉魏时期就已盛行。据《西京杂记》载称："菊花舒时，并采茎叶，杂黍为酿之，至来年九月九日始熟，就饮焉，故谓之菊花酒。"古时菊花酒，是头年重阳节时专为第二年重阳节酿的，九月九日这天，采下初开的菊花和一点青翠的枝叶，掺和在准备酿酒的粮食中，然后一齐用来酿酒，放至第二年九月九日饮用。传说喝了这种酒，可以延年益寿。从医学角度看，菊花酒可以明目、治头昏、降血压，有减肥、轻身、补肝气、安肠胃、利血之妙，因此也一直成为民间流传下来的习俗。

晋朝文人陶渊明在《九日闲居》诗序文中说："余闲居，爱重九之名。秋菊盈园，而持醪靡由，空服九华，寄怀于言。"这里同时提到菊花和酒，大概在魏晋时期，重阳日已有了饮菊花酒的做法。

其实不只限于菊花酒，重阳之日与酒的关系非常密切。《山东民俗·重阳节》介绍，山东酒坊于重阳节祭缸神杜康。在贵州仁怀县茅台镇，每年重

第七章 丰富多彩：节日礼仪

阳，开始投料下药酿酒，传说是因九九重阳，阳气旺盛才酿得出好酒。每当烤出初酒时，老板在贴"杜康先师之神位"的地方点香烛，摆供品祈祷酿酒顺利（见《中国民俗采英录》）。在湖南宁远，每年九月九日"竞造酒，日重阳酒"。这些风俗说明了重阳与酒的关系极深，重阳成为祭祀酒业神的酒神节也就不足为奇了。

家 风 故 事

恒景降瘟魔

东汉时期，汝南县有一个人叫恒景，与父母住在一起，守着几亩田地辛勤劳作，日子虽不富裕，倒也过得去。

恒景小时候就听老人们说过，汝河里住着一个瘟魔，不知道何时就会上岸来到村庄，它走到哪里就把瘟疫带到哪里，以至于天天都有人丧命。不幸的是，这一年瘟魔又上来了，恒景的父母都被瘟疫夺走了生命，连他自己也差点病倒。

安葬完父母，恒景决心出外访师学艺，为乡亲们除掉瘟魔。他听说东方有座最古老的山，山上住着位法力无边、名叫费长房的道长，于是收拾行装，到山里寻找道长。

恒景进了山，只见山路九曲十八弯，千峰万峦，不知道道长住在哪里。他爬了一道又一道峰，鞋子磨穿了就光着脚走。这时，有只仙鹤飞到他头顶盘旋，然后向前飞去，飞一会儿盘旋一会儿。恒景突然明白过来，仙鹤是在为他引路。他就跟着仙鹤走，果然找到了道长住的地方。

费长房见恒景的脚都走得淌血了，被他的精神所感动，就破例收他为徒，教给他降妖剑术，还赠给他一把降妖青龙剑。恒景披星戴月、废寝忘食地苦练剑法，不知道过了多少天，终于练就一身非凡的武艺。道长把恒景叫到跟前说："明天是九月初九，瘟魔又要出来作恶，你现在已经练成武艺，应该回去为民除害了！"临下山时，道长又送给恒景一包茱萸叶和一瓶菊花酒，并教他如何用来避邪。

恒景骑着仙鹤，转眼间就回到家乡。九月九那天，他召集大家登上了附近的山，然后分给每人一片茱萸叶和一小口菊花酒，让他们随身带着茱萸叶、喝下菊花酒，这样瘟魔便不敢接近。安排好大家后，恒景回到家里，握紧青龙宝剑，做好降魔的准备。

突然，汝河水翻滚起来，一阵狂风大作，瘟魔走上岸来到村里。它走啊走啊，到处都不见人影，抬头一看，原来人们都在山上呢！它向山上窜去，忽然闻到茱萸叶的异香和刺鼻的酒气，它不敢登山，只好又回到村里。早已等候多时的恒景拔剑向瘟魔刺去，瘟魔吼叫一声，扑过来与恒景交战。

一连斗了几个回合，瘟魔渐渐落了下风，它刚想逃走，恒景嗖的一声抛出青龙宝剑，宝剑闪着光刺死了瘟魔，汝河两岸的人们再也不用担心瘟魔的侵害啦！后来，人们为了辟邪祛灾，便在每年的九月初九相约登山，佩戴茱萸叶，喝美酒，进行赏菊、吟诗等活动，渐渐就成为习俗流传下来。

第七章｜丰富多彩：节日礼仪

参考文献

[1] 荣格格, 吉吉. 中国古今家风家训一百则[M]. 武汉：武汉大学出版社, 2014.

[2] 田力. 道德·礼仪故事[M]. 北京：现代出版社, 2013.

[3] 吴尚忠. 说故事学礼仪[M]. 南京：东南大学出版社, 2013.

[4] 中央文化工作委员会. 礼[M]. 合肥：安徽教育出版社, 2012.

[5] 靳丽华. 颜氏家训[M]. 北京：中国华侨出版社, 2012.

[6] 赵春珍. 中外礼仪故事与案例赏析[M]. 北京：首都经济贸易大学出版社, 2011.

[7] 项久雨, 詹逸天. 中华圣贤经典——礼[M]. 武汉：长江文艺出版社, 2011.

[8] 王辉. 日常礼仪的 300 个关键细节[M]. 重庆：重庆出版社, 2011.

[9] 鲁同群, 注评. 礼记[M]. 南京：凤凰出版社, 2011.

[10] 张铁成. 曾国藩家训大全集[M]. 北京：新世界出版社, 2011.

[11] 刘默. 菜根谭[M]. 北京：中国华侨出版社, 2011.

[12] 夏志强, 翟文明. 礼仪常识全知道[M]. 北京：华文出版社, 2010.

[13] 张延成, 董守志. 四书五经详解·礼记[M]. 北京：金盾出版社, 2010.

[14] 刘波, 王川, 注释. 仪礼[M]. 南京：东南大学出版社, 2010.

[15] 李慧玲, 等, 注译. 国学经典丛书：礼记[M]. 郑州：中州古籍出版社, 2010.

[16] 唐政, 李世民, 释. 帝范[M]. 北京：新世界出版社, 2009.

[17] 金正昆. 接待礼仪[M]. 北京：中国人民大学出版社，2009.

[18] 胡平生，陈美兰，译注. 礼记·孝经——中华经典藏书[M]. 北京：中华书局，2007.

[19] 佚名. 周礼、礼记、仪礼[M]. 扬州：江苏广陵书社有限公司，2007.

[20] 陆林中华家训[M]. 合肥：安徽人民出版社，2000.

后 记

一个家庭或家族的家风要正，首先要注重以德立家、以德治家；其次还要书香不绝，坚持走文化兴家、读书树人之路。习近平总书记谈到自己的经历时，曾经多次谈及自己的淳朴家风。从某种意义上说，正是因为家风家教的缺失，一些人走上社会之后容易失去底线，做出一些违背道德、法律的事情，导致家风缺失、世风日下。现在重提"家风"，是有积极的现实意义的。这是一种文化的回归，是一种历史智慧的挖掘与重建。

端正家风，弘扬传统教育文化，传承优秀的治家处世之道，正是我们策划本套书的意图所在。

本套书从历代各朝林林总总的家训里，摘取一些能够表现中国文化特点并且对于今天颇有启发意义的格言家训，试做现代解释，与读者共同品味，陶冶性情。

在本套书的编写过程中，得到了北京大学文学系的众多老师、教授的大力支持，安徽师范大学文学院多位教授、博士尽心编写，给予指导，在此表示衷心的感谢！尤其要特别感谢安徽省濉溪中学的一级教师田勇先生在本套书编写、审校过程中给予的辛苦付出和大力支持！

本套书在编写过程中，参考引用了诸多专家、学者的著作和文献资料，谨对这些资料、著作的作者表示衷心的感谢！有些资料因为无法——联系作者，希望相关作者来电来函洽谈有关资料稿酬事宜，我们将按相关标准给予支付。

联系人：姜正成

邮　　箱：945767063@qq.com